U0795510

机器人工程专业系列教材

工业机器人机械系统应用设计

工课帮 组编

王 伟 梁洪舟 胡小燕 主编

刮开涂层，使用微信扫码，即可获取本书配套教学资源。

注意：本书使用“一书一码”版权保护技术，该二维码仅可扫描并绑定一次。

北京交通大学出版社

·北京·

内 容 简 介

本书是与机器人机械系统设计理论教材相配套的课程设计，全书共 5 章，包括工业机器人机械结构基础、配合与公差技术、机器人典型手部结构设计、机器人移动机构设计、自动化立体仓库取料系统设计，在编写过程中，编者力求引导读者将从书本上学习到的理论知识与机械设计相融合，对机械设计理论与实际设计有一定的认识，在实际设计中能根据市场条件及客户的需求，提出自己的解决方法、表现自己的设计思路。

本书适合高等教育机器人工程、智能制造工程、自动化、机械电子工程、电气工程及其自动化等相关专业学生作为教材使用，也可以供从事工业机器人应用开发、调试与现场维护的工程师阅读参考。

版权所有，侵权必究。

图书在版编目（CIP）数据

工业机器人机械系统应用设计 / 王伟，梁洪舟，胡小燕主编. -- 北京 : 北京交通大学出版社，2025. 8. -- ISBN 978-7-5121-5539-8

Ⅰ. TP242.2

中国国家版本馆 CIP 数据核字第 20254YU316 号

工业机器人机械系统应用设计
GONGYE JIQIREN JIXIE XITONG YINGYONG SHEJI

责任编辑：严慧明　　特约编辑：师红云
出版发行：北京交通大学出版社　　电话：010-51686414　　http://www.bjtup.com.cn
地　　址：北京市海淀区高梁桥斜街 44 号　　邮编：100044
印 刷 者：北京华宇信诺印刷有限公司
经　　销：全国新华书店
开　　本：185 mm×260 mm　　印张：10.75　　字数：269 千字
版 印 次：2025 年 8 月第 1 版　　2025 年 8 月第 1 次印刷
定　　价：48.00 元

本书如有质量问题，请向北京交通大学出版社质监组反映。对您的意见和批评，我们表示欢迎和感谢。
投诉电话：010-51686043，51686008；传真：010-62225406；E-mail：press@bjtu.edu.cn。

机器人工程专业系列教材建设专家委员

（排名不分先后）

名誉主任：谭建荣

主　　任：吴昌林　孟　弢

秘 书 长：刘　刚

委　　员：

杨家军　伍世虔　吴　波　文友先　龚义建

李　硕　潘卫平　邓　严　叶　晖　刘　杰

梁洪舟　陈仁科　徐淑云　陈　功　周　珩

崔士杰　刘　波　汪　漫

本书编委会

主　编　王　伟　梁洪舟　胡小燕

副主编　张冬嫚　王庆华　吴怡泰

　　　　汪叶稳　张　勇　杨建勇

参编者　薛西玲　朱　俊　罗　涛

　　　　罗　聪　陈胜飞　孙祥云

序言

现阶段，我国制造业面临资源短缺、劳动成本上升、人口红利减少等压力，而工业机器人的应用与推广，将极大地提高生产效率和产品质量，降低生产成本和资源消耗，有效提高我国工业制造竞争力。我国《"十四五"机器人产业发展规划》强调，机器人是先进制造业的关键支撑装备和未来生活方式的重要切入点。广泛采用工业机器人，对促进我国先进制造业的崛起，有着十分重要的意义。"机器换人，人用机器"的新型制造方式有效推进了工业升级和转型。

伴随着工业大国相继提出机器人产业政策，如德国的"工业 4.0"、美国的先进制造伙伴计划、《中华人民共和国国民经济和社会发展第十四个五年规划和 2035 年远景目标纲要》等国家政策，工业机器人产业迎来了快速发展态势。当前随着劳动力成本上涨，人口红利逐渐消失，生产方式向柔性、智能、精细转变，中国制造业转型升级迫在眉睫。全球新一轮科技革命和产业变革与中国制造业转型升级形成历史性交汇，中国已经成为全球最大的机器人市场。大力发展工业机器人产业，对于打造我国制造业新优势、推动工业转型升级、加快制造强国建设、改善人民生活水平具有深远意义。

工业机器人已在越来越多的领域得到了应用。在制造业中，尤其是在汽车产业中，工业机器人得到了广泛应用。如在毛坯制造（冲压、压铸、锻造等）、机械加工、焊接、热处理、表面涂覆、上下料、装配、检测及仓库堆垛等作业中，机器人都已逐步取代了人工作业。机器人产业的发展对熟练掌握机器人技能型人才的需求也越来越迫切。为了满足岗位人才需求，以及产业升级、技术进步的要求，部分应用型本科院校相继开设了相关课程。在教材方面，虽有很多机器人方面的专著，但普遍偏向理论与研究，不能满足实际应用的需要，适合应用型本科以机器人应用工程为主要内容的教材尚为空白。目前，企业的机器人应用培养只能依靠机器人生产企业的培训或产品手册，缺乏系统学习和相关理论指导，严重制约了我国机器人技术的推广和智能制造业的发展。武汉金石兴机器人自动化工程有限公司依托华中科技大学在机器人方向的研究实力，顺应形势需要，将产、学、研、用相结合，组织企业专家和一线科研人员开展了一系列企业调研，面向企业需求，联合高校教师共同编写了机器人工程专业系列教材。

该系列教材有以下特点。

（1）循序渐进，系统性强。该系列教材从工业机器人的入门实用、技术基础、实训指导，到工业机器人的编程与高级应用，由浅入深，有助于系统学习工业机器人技术。

（2）配套资源，丰富多样。该系列教材配有相应人才培养方案、课程建设标准、电子课件、视频等教学资源，以及配套的工业机器人教学装备，构建了立体化的工业机器人教学体系。

（3）覆盖面广，应用广泛。该系列教材介绍工业机器人集成工程所需的机械工程案例、电气设计工程案例、机器人应用工艺编程等相关内容，顺应了国内机器人产业人才发展需要，符合制造业人才发展规划。

机器人工程专业系列教材结合集成工程实际应用，教、学、用有机结合，有助于读者系统学习工业机器人技术和强化提高实践能力。本系列教材的出版发行，填补了机器人工程专业系列教材中的空白，有助于推进我国工业机器人技术人才的培养和发展，助力中国智造。

中国工程院院士 谭建荣

2024 年 10 月

前言

工业机器人技术是近年来新技术发展的重要领域之一，是以微电子技术为主导的多种新兴技术与机械技术交叉、融合而成的一种综合性的高新技术。这一技术在工业、农业、国防、医疗卫生、办公自动化及生活服务等众多领域有着越来越多的应用。工业机器人在提高产品质量、加快产品更新、提高生产效率、促进制造业的柔性化、增强企业和国家的竞争力等诸方面具有举足轻重的地位。因此，工业机器人技术不但在许多学校被列为机电一体化专业的必修课程，而且也成为广大工程技术人员迫切需要掌握的知识。

本书由武汉金石兴机器人自动化工程有限公司旗下的高端工科教育品牌“工课帮”组织编写，“工课帮”是由自动化行业一线工程师和高校教师共同组成的教学产品研发团队。团队利用自身在产学融合方面的研发、对接、整合及运营等核心能力，打破校企合作壁垒，将产业的理念、技术、资源整合到高校的课程及实训中，并为相关课程的教育教学提供配套资源服务。

本书以机器人最基本的单元抓手、移动机构、立体仓库取料系统为案例，帮助读者了解这些单元设计计算的必要知识，如合理选择方案、确定各机构的传动系统、方案的节拍时间计算、各机构的驱动功率计算、各主要受力构件的计算等。

本书通过一个个案例的分析、计算、设计过程，使读者通过对这些设计计算过程的学习，对机器人相关基本单元的设计开发有一个了解，适合作为普通高校和高等职业院校机电一体化、机械等专业的教材，同时，本书也适合从事工业机器人应用开发、调试、现场维护的工程技术人员学习和参考。

本书参考了大量教材、专著、论文、网络文献等资料，在此，编者对各位原编著者表示衷心的感谢。尽管编者主观上想努力使读者满意，但书中肯定还会有不尽如人意之处，对本书中的疏漏之处，我们热忱欢迎读者提出宝贵的意见和建议。

如有问题请发邮件至：2360363974@qq.com。

编　者

目录

第1章

工业机器人机械结构基础

1.1 工业机器人机械结构系统的组成

机器人是近40年来发展起来的一种高科技自动化生产设备。

工业机器人是机器人的一个重要分支，是一种能自动控制并可重新编程予以变动的多功能机器。它有多个自由度，可用来搬运物料、零件和握持工具，以完成各种不同的作业。它的特点是可通过编程完成各种预期的作业任务，在构造和性能上兼有人和机器人各自的优点，尤其是体现了人的智能和适应性与机器作业的准确性，以及在各种环境中完成作业的能力，因而在国民经济各个领域中具有广阔的应用前景。

机器人技术涉及力学、机械学、电气液压技术、自控技术、传感技术和计算机等学科领域，是一门跨学科的综合技术。而机器人机构学乃是机器人的主要基础理论和关键技术，也是现代机械原理研究的主要内容。

1.1.1 工业机器人的基本组成

工业机器人通常由三大部分六个子系统组成。三大部分是指机械部分、感受部分、控制部分，如图1–1所示。六个子系统是指机械结构系统、驱动–传动系统、传感系统、控制系统、机器人–环境交互系统、人机交互系统，如图1–2所示。

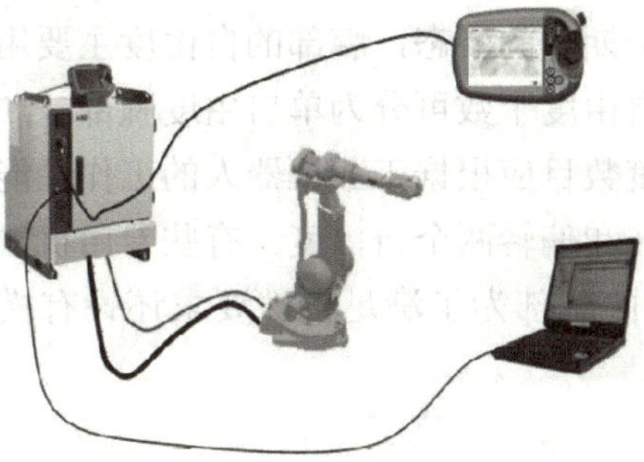

图1–1 工业机器人的基本组成

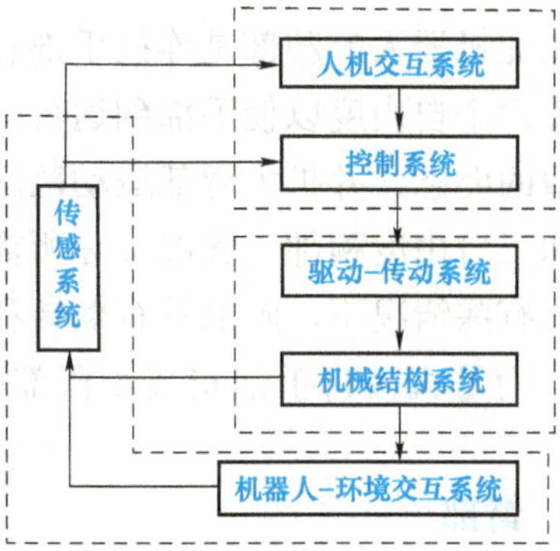

图1–2 工业机器人的六个子系统

1.1.2 工业机器人机械结构系统的组成

工业机器人机械结构系统主要由手部、腕部、臂部、腰部和机座五个部分构成，如图 1-3 所示。

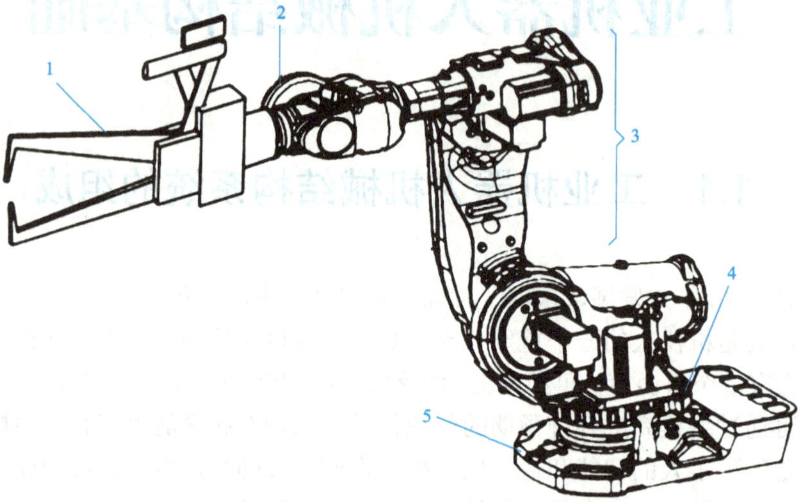

1—手部；2—腕部；3—臂部；4—腰部；5—机座。

图 1-3 工业机器人机械结构系统

1. 手部

工业机器人的手部也叫末端操作器，是装在机器人手腕上直接抓握工件或执行作业的部件。手部对于工业机器人来说是决定作业完成质量、作业柔性好坏的关键部件之一。

手部可以像人手那样具备手指，也可以不具备手指；可以是类似人手的手爪，也可以是进行某种作业的专用工具，如机器人手腕上的焊枪、油漆喷头等。各种手部的工作原理不同，结构形式各异。

2. 腕部

工业机器人的腕部是连接手部和臂部的部件，起支撑手部的作用。工业机器人腕部一般具有六个自由度以使手部到达目标位置和处于期望的姿态，腕部的自由度主要用于实现所期望的姿态，并扩大臂部运动范围。腕部按自由度个数可分为单自由度腕部、二自由度腕部和三自由度腕部。腕部实际所需要的自由度数目应根据工业机器人的工作性能要求确定。在有些情况下，腕部具有翻转和俯仰或翻转和偏转两个自由度。有些专用机器人没有腕部，而是直接将手部安装在臂部的前端；有的腕部为了满足特殊要求还设有横向移动自由度。

3. 臂部

工业机器人的臂部是连接腰部和腕部的部件，用来支撑腕部和手部，实现较大的运动范围。臂部一般由大臂、小臂（或多臂）组成。臂部总质量较大，受力一般比较复杂，在运动时，直接承受腕部、手部和工件的静、动载荷，尤其是在高速运动时，将产生较大的惯性力（或惯性力矩），引起冲击，影响定位精度。

4. 腰部

工业机器人的腰部是连接臂部和机座的部件，通常是回转部件。它的回转，再加上臂部的运动，能使腕部做空间运动。腰部是执行机构的关键部件，它的制作误差、运动精度和平稳性对工业机器人的定位精度有决定性的影响。

5. 机座

工业机器人的机座是整个工业机器人的支持部分，有固定式和移动式两大类。移动式机座用来扩大工业机器人的活动范围，有的是专门的行走装置，有的是轨道、滚轮机构。机座必须有足够的刚度和稳定性。

1.1.3　工业机器人机械结构系统的基本术语

工业机器人的机械结构系统通常由一系列连杆、关节或其他形式的运动副组成。下面介绍它的基本术语。

1. 关节

关节即运动副，是允许机器人手臂各零件之间发生相对运动的机构，是两构件直接接触并能产生相对运动的活动连接，如图 1–4 所示。图 1–4 中，1、2 两部分可以做互动连接。

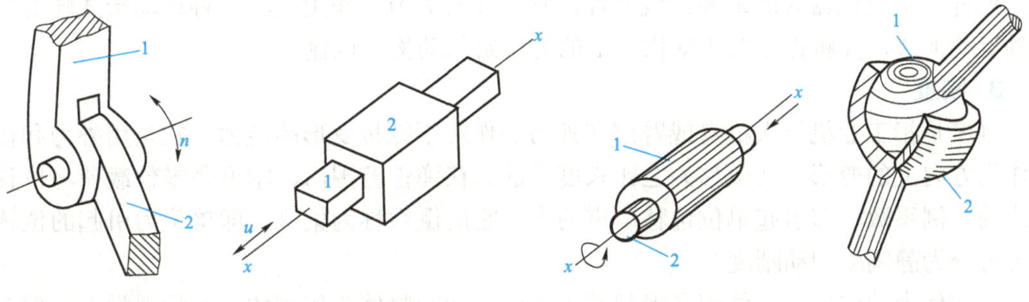

图 1–4　多种运动关节

关节是各杆件间的结合部分，是实现机器人各种运动的运动副。工业机器人常用的关节如下。

1）回转关节

回转关节，又叫作回转副、旋转关节，是使连接两构件的组件中的一件相对于另一件绕固定轴线转动的关节，两个构件之间只做相对转动。例如，手臂与机座、手臂与手腕之间就存在相对回转或摆动的关节机构。回转关节由驱动器、回转轴和轴承组成。多数电机能直接产生旋转运动，但常需各种齿轮、链、带传动或其他减速装置，以获取较大的转矩。

2）移动关节

移动关节，又叫作移动副、滑动关节、棱柱关节，是使两构件的组件中的一件相对于另一件做直线运动的关节，两个构件之间只做相对移动。它采用直线驱动方式传递运动，包括直角坐标结构的驱动、圆柱坐标结构的径向驱动和垂直升降驱动，以及极坐标结构的径向伸缩驱动。直线运动可以直接由气缸或液压缸和活塞产生，也可以采用齿轮齿条、丝杠、螺母等传动元件将旋转运动转换成直线运动。

3）圆柱关节

圆柱关节，又叫作回转（移动）副、分布关节，是使两构件的组件中的一件相对于另一件移动或绕一移动轴线转动的关节。两个构件之间除了做相对转动，还可以同时做相对移动。

4）球关节

球关节，又叫作球面副，是使两构件的组件中的一件相对于另一件在三个自由度上绕一固定点转动的关节，即组成运动副的两个构件能绕一球心做三个独立的相对转动的运动副。

2. 连杆

连杆指机器人手臂上被相邻两关节分开的部分，是保持各关节间固定关系的刚体，是机械连杆机构中两端分别与主动构件和从动构件铰接以传递运动和力的杆件。例如，在往复活塞式动力机械和压缩机中，用连杆来连接活塞与曲柄。连杆多为钢件，其主体部分的截面多为圆形或“工”字形，两端有孔，孔内装有青铜衬套或滚针轴承，供装入轴销而形成铰接。

连杆是工业机器人的重要组成部件，它连接着关节，作用是将一种运动形式转变为另一种运动形式，并将作用在主动构件上的力传给从动构件以输出功率。

3. 刚度

刚度是指工业机器人机身或臂部在外力的作用下抵抗变形的能力。它是用外力和在外力作用方向上的变形量（位移）之比来度量的。在弹性范围内，刚度是零件载荷与位移成正比的比例系数，即引起单位位移所需的力。它的倒数称为柔度，即单位力引起的位移。刚度可分为静刚度和动刚度。

在任何力的作用下，体积和形状都不发生改变的物体叫作刚体。在物理学上，理想的刚体是一个固体的、尺寸值有限的、形变情况可以被忽略的物体。不论是否受力，在刚体内任意两点的距离都不会改变。在运动中，刚体内任意一条直线在各个时刻的位置都保持平行。

4. 自由度

自由度是指机器人所具有的独立坐标轴运动的数目，不包括手爪（末端操作器）的开合自由度。在三维空间中描述一个物体的位姿需要六个自由度。但是，机器人的自由度是根据其用途而设计的，可能少于六个自由度，也可能多于六个自由度。

5. 定位精度

定位精度是指机器人手部实际到达位置与目标位置的差异。机器人操作臂的定位精度是根据使用要求确定的，而机器人操作臂本身所能达到的定位精度，取决于定位方式、运动速度、控制方式、臂部刚度、驱动方式、缓冲方法等因素。

6. 重复定位精度

重复定位精度是指机器人重复定位其手部于同一目标位置的能力，可以用标准偏差这个统计量来表示。它用来衡量一系列误差值的密集度，即重复度。

7. 工作范围

工作范围是指机器人操作臂末端或手腕中心所能到达的所有点的集合，也叫作工作区域。因为末端执行器的形状和尺寸是多种多样的，为了真实反映机器人的特征参数，一般工作范围是指不安装末端执行器时的工作区域。工作范围的形状和大小是十分重要的。机器人在执行某一作业时，可能会因为存在手部不能到达的作业死区而不能完成任务。

机器人操作臂的工作范围根据工艺要求和操作运动的轨迹来确定。一个操作运动的轨迹往往是几个动作合成的，在确定工作范围时，可将运动轨迹分解成单个动作，由单个动作的行程确定机器人操作臂的最大行程。为便于调整，可适当加大行程数值。各个动作的最大行程确定之后，机器人操作臂的工作范围也就定下来了。

8. 最大速度

最大速度通常指机器人操作臂末端的最大速度。提高速度可提高工作效率，因此提高机器人的加速、减速能力，保证机器人加速、减速过程的平稳性是非常重要的。

9. 承载能力

承载能力是指机器人在工作范围内的任何位姿上所能承受的最大质量。机器人的载荷不仅取决于负载的质量，还与机器人运行的速度和加速度的大小和方向有关。为了安全起见，承载能力是指高速运行时的承载能力。通常，承载能力不仅要考虑负载，还要考虑机器人末端操作器的质量。

1.2　六种典型的工业机器人结构

根据国际机器人联合会（International Federation of Robotics，IFR）的定义，机器人分为工业机器人（industrial robot）及服务机器人（service robot）。其中，工业机器人又占全球机器人 80%的市场占有率，远高于服务机器人。

工业机器人主体结构中各个关节运动副和连杆构件组成了不同的坐标形式，常见的主体结构类型有：直角坐标机器人、圆柱坐标机器人、球面坐标机器人、关节坐标机器人、并联机器人、物流机器人等。

1.2.1　直角坐标机器人

直角坐标机器人是指在工业应用中，能够实现自动控制的、可重复编程的、运动自由度仅包含三维空间正交平移的自动化设备，其组成部分包含直线运动轴、运动轴的驱动系统、控制系统、终端设备。直角坐标机器人可在多领域进行应用，有超大行程、组合能力强等优点。

直角坐标机器人按 ISO 8373（国际标准化组织制定的词汇标准）定义为：位置可以固定或移动，能够实现自动控制、可重复编程、多功能多用处、末端操作器的位置要在 3 个或 3 个以上自由度内可编程的工业自动化设备，如图 1–5 所示。

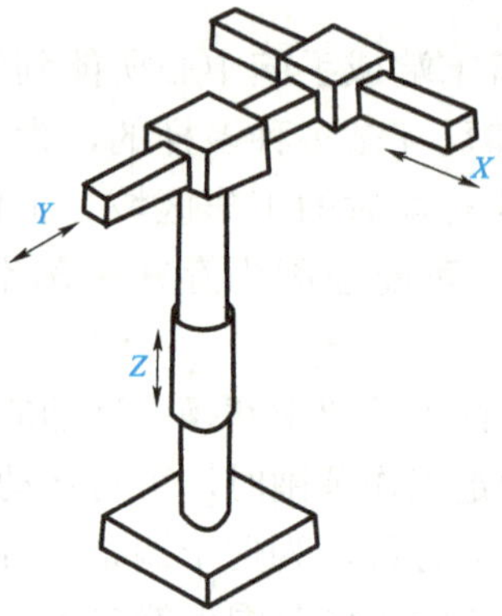

图 1–5　直角坐标机器人示意图

一个典型的 3D 直角坐标机器人由 *X* 轴、*Y* 轴、*Z* 轴及驱动电机组成。直角坐标机器人的优点主要有以下几个方面。

（1）可任意组合成各种样式：每根直线运动轴最长 6 m，其带载能力范围为 10～200 kg。在实际应用中已有近百种结构的直角坐标机器人，这些结构也可以任意组合成新的结构。

（2）超大行程：单根龙门式直线运动单元的长度是 6 m，由于可以用多根方便地级连成超大行程，所以其工作空间几乎没有限制，小到手机点胶机，大到 18 m 长行程的切割机，其在超大行程时要采用直线导轨和齿条传动方式。

（3）负载能力强：单根直线运动单元的负载通常小于 200 kg，但当采用双滑块或多滑块刚性联结时负载能力可以增加 5～10 倍。当将 2 根或 4 根直线运动单元并排接起来使用时，其负载可以增加 2～4 倍。当采用多根多滑块结构时，其负载能力可增加到数吨。

（4）高动态特性：轻负载时其最大运行速度可达 5 m/s，加速度可达 4 m/s^2，因此其具有很高的动态特性，工作效率非常高，通常在几秒内即可完成一个工作节拍。

（5）高精度：按传动方式及配置，在整个行程内其重复定位精度可达到 0.05 ～0.01 mm。

（6）扩展能力强：可以通过方便地改变结构或编程来适合新的应用。

（7）简单经济：相比关节机器人，直角坐标机器人由于外观直观且构造成本低，编程简单，易于开展员工培训和维修，因此具有非常好的经济性。

（8）寿命长：直角坐标机器人的维护通常为周期性加注润滑油，其寿命一般为 10 年以上，维护得好甚至可达 20 年。

1.2.2　圆柱坐标机器人

圆柱坐标机器人是一种按圆柱坐标形式动作的工业机器人，其运动轴由一个旋转轴和两个直线轴组成，工作空间呈圆柱形，适合环形作业环境。该类型机器人通过回转基座提供旋转运动自由度，水平转台可绕基座中心轴旋转；竖直升降立柱安装在回转基座上，可沿竖直方向升降移动；水平臂固定在立柱前端，可沿水平方向自由伸缩，实现径向平移。

如图 1-6 所示，圆柱坐标机器人以 θ、z 和 r 为参数构成坐标系。手腕参考点的位置可表示为 $P=f(\theta, z, r)$。其中，r 是手臂的径向长度，θ 是手臂绕水平轴的角位移，z 是在垂直轴上的高度。如果 r 不变，操作臂的运动将形成一个圆柱表面，空间定位比较直观。操作臂收回后，其后端可能与工作空间内的其他物体相碰，移动关节不易防护。

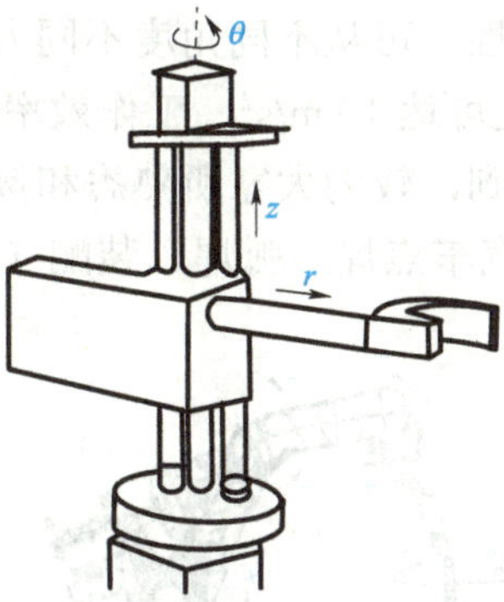

图 1-6　圆柱坐标机器人示意图

1.2.3　球面坐标机器人

此类机器人像坦克的炮塔一样，机械手能够做里外伸缩移动、在垂直平面内摆动并绕底座在水平面内转动，如图 1-7 所示。该类机器人的工作空间形成球面的一部分，因此被称为球面坐标机器人。其设计和控制系统比较复杂，美国 Unimation 公司的 Unimation 系列机器人就是球面坐标机器人的代表。

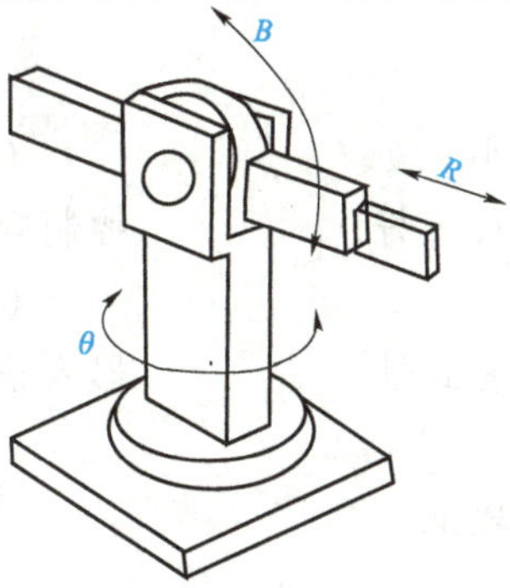

图 1-7　球面坐标机器人示意图

三自由度球面坐标机器人可实现手臂俯仰、手臂回转、手腕伸缩等功能。机器人采用电机驱动，初步估计要用到 3 个不同型号的电机：手臂俯仰电机，带谐波减速；手臂回转电机，带谐波减速；手腕伸缩电机，与滚珠丝杠直连。其末端负载范围为 5～10 kg，转动副范围为±45°，移动副范围为300～400 mm，末端最大移动速度为1 m/s。

1.2.4 关节坐标机器人

关节坐标机器人主要由底座、大臂和小臂组成。大臂和小臂间的转动关节称为肘关节，大臂和底座间的转动关节称为肩关节。底座可以绕垂直轴线转动，称为腰关节。它是一种广泛应用的拟人化机器人，如图1-8所示，其特点主要包括以下几个方面。

（1）有很高的自由度和灵活性，可从不同角度不同方位来工作。

（2）速度可达6 m/s，加速度可达10 m/s^2，工作效率高。

（3）经常在网络或电视里看到，较为大家所熟悉和接受。

（4）6轴机器人主要应用于汽车点焊、弧焊、装配（拧螺丝）、检测等轻巧类工作。

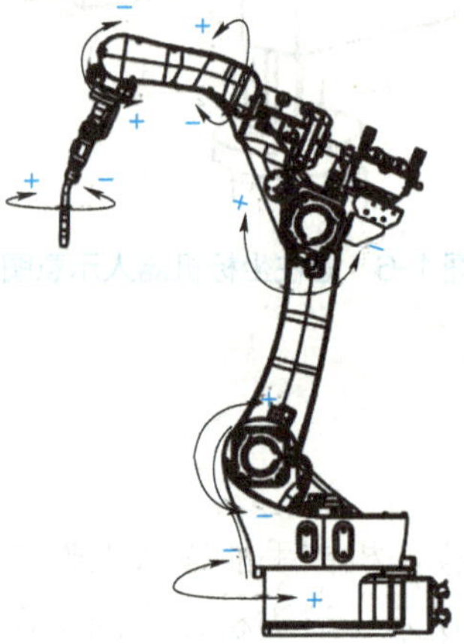

图1-8　关节坐标机器人示意图

关节坐标机器人优缺点

优点

（1）结构紧凑，占地面积小。

（2）灵活性好，手部到达位置好，具有较好的避障性能。

（3）没有移动关节，关节密封性能好，摩擦小，惯量小。

（4）关节驱动力小，能耗较低。

缺点

（1）运动过程中存在平衡问题，控制存在耦合。

（2）当大臂和小臂舒展开时，机器人结构刚度较低。

1.2.5 并联机器人

并联机器人可以定义为动平台和定平台通过至少2个独立的运动链相连接，机构具有

2 个或 2 个以上自由度，且以并联方式驱动的一种闭环机构，如图 1-9 所示。

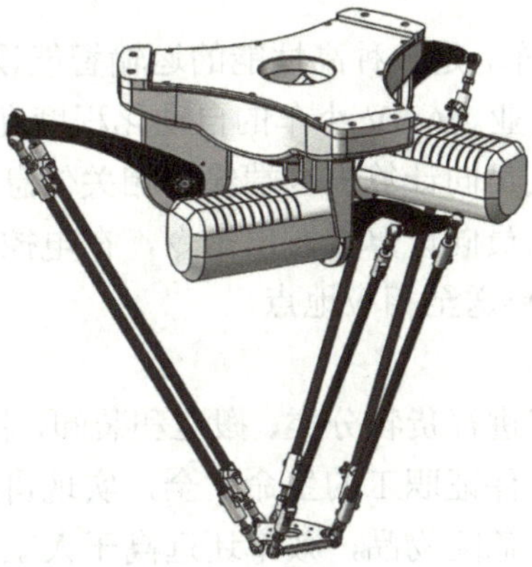

图 1-9　并联机器人示意图

并联机器人的主要优势包括以下几个方面。

（1）无累积误差，精度较高。

（2）驱动装置可置于定平台上或接近定平台的位置，这样运动部分重量轻、速度高、动态响应好。

（3）结构紧凑，刚度高，承载能力大。

（4）完全对称的并联机构具有较好的各向同性。

（5）工作空间较小。

根据这些特点，并联机器人在需要高刚度、高精度或者大载荷而无须很大工作空间的领域内得到了广泛应用。

1.2.6　物流机器人

物流机器人是指采用自动或人工方式装卸货物，按设定的路线自动行驶或牵引着载货台车至指定地点，再用自动或人工方式装卸货物的机器人，如图 1-10 所示。物流机器人主要应用于仓库、分拣中心及运输途中等场景，用以完成装卸、搬运、存储、分拣和运输等相关工作。

图 1-10　物流机器人

物流机器人按照其工作类别大致可以分成以下三大类。

1. 无人搬运车

无人搬运车简称AGV小车，是一种高性能的运输智能设备，主要应用于货物的搬运和移动，早已广泛应用于各个行业。AGV小车的自动化程度高，操作方便。当车间某一个环节需要某个辅料时，由工作人员向计算机终端输入相关信息，计算机终端再将信息发送到中央控制室，由专业的技术人员向计算机发出指令，在电控设备的合作下，这一指令最终被AGV接受并执行——将辅料送至相应地点。

2. 码垛机器人

码垛机器人能够替代人工进行货物分类、搬运和装卸，特别是代替人类搬运危险物品，如放射性物质、有毒物质等，保证职工的生命安全，实现自动化、智能化、无人化。码垛机器人除了可以替代人类搬运危险物品，效率还远高于人工工作，因此，使用码垛机器人实现自动化生产是推动企业发展的有效手段。

3. 分拣机器人

分拣机器人是一种具备传感器、物镜和电子光学系统的机器人，可以快速进行货物分拣。它利用传感器、物镜、图像识别系统和多功能机械臂等设备，根据图像识别系统来识别物品的外形，采用机械手抓取物品并放到指定位置，以实现货物的快速分拣。分拣机器人具有以下优点：由于分拣物品是整个物流环节中较复杂的环节，往往耗时耗力，而自动分拣机器人能够实现24 h不断分拣；占地面积小，分拣效率高，可降低70%的人工成本；精准、高效，因此可大大提高工作效率，减少运输成本。

1.3 工业机器人机械设计的原则及程序

工业机器人是智能化的制造设备，对工业生产效率的提高具有很大影响。对工业机器人的机械结构设计进行改进和改良，能够提高机器人的使用能力，是当代工业机器人的发展方向。

1.3.1 工业机器人机械设计的原则

1. 遵循和注意最小惯量的原则

机器人的各个零部件在进行活动的过程中，因惯性冲击对本身影响很大，设计过程中要注意最小惯量的原则，从而使机器人的运动更加平稳，减少运动末端的误差。具体设计方法是减轻运动部件的自身重量，使运动连杆的重心最大限度地接近转轴。

2. 设计尺度为最优的原则

在可以实现设计功能的条件下，机器人的零部件要尽可能选择最优的结构和最优的大小，以保证所使用的零部件自身的重量更轻，应用的尺度更小，实现机器人的最佳精密性。

3. 选用高比强度材料的原则

进行机器人设计制造材料的选择时，应尽量选择高比强度的材料，并且以最小惯量和最优尺度为原则。由于机器人需要克服峰值力矩，材料的选择对机器人的制造很重要，因此，在经费允许的前提下，必须选择更高比强度的材料。

4. 选择高刚度材料的原则

材料的刚度决定了机器的精度，如果材料的刚度太低则容易出现堆挤，因此设计过程中最好选择刚度更高的应用材料，以此来降低材料的弹性。同时考虑截面形状的设计对材料刚度产生的影响，应进行合理的力矩分配以减小材料的变形。

5. 设计过程中的可靠性原则

在设计过程中，必须进行机器人可靠性的测试和评估，具体的测试方法有机器人的使用寿命计算法、类比法、查表法和概率计算等方法。机器人应用软件的可靠性也必须进行测试，在机器人经过调试出厂前，还要进行定时拷机试验，发现和收集有可能产生的故障和失误。

6. 设计的工艺性原则

在进行机器人零部件设计时，应该考虑其工艺要求。工艺要求太高的机器人零部件将使机器人的设计和制造成本大大增加，容易制造、好维修、装配轻松的零部件对机器人的设计生产和加工制造更为适合。

1.3.2　工业机器人机械设计的程序

工业机器人的机械设计是个严谨的工作，因此须根据相应的程序进行。

1. 明确设计任务和目的

这是进行工业机器人设计的第一步。机器人不是万能的，对各个机器人进行设计时都会有其设计目的，不同工作区域的机器人其设计方案是不一样的，不同使用功能的机器人其技术参数、技术要点和标准也是不相同的。

2. 进行方案设计

在明确了机器人的设计目的和任务后，开始进行方案设计，应至少准备十几种设计方案进行备用。方案设计的关键包括确定机器人的动力源，明确机器人的形态，同时确定自由度数，确定运动范围及传动方式，最终，依据设计方案计算出合理的成本预算。

3. 进行臂长优化和运动分析

在设计过程中，待确定了机器人的臂长后，应进行臂长的最大优化，使机械手臂可以应用在最小的工作空间范围并能够完成最灵活的操作。

4. 进行机器人的机械设计

机械设计主要包括以下五个步骤：第一，对主体结构进行设计，包括夹具的设计，机器人负载惯量的估算，各驱动力矩的详细计算，所应用的滚珠及丝杠型号大小的选择，机械大臂和小臂的计算；第二，对驱动部件进行选型，主要是服侍电机和相应有关电机型号的选择；第三，对传动装置进行设计，主要是进行计算对比，选择合适的传动比；第四，进行电气布线及相关电气接口的设计；第五，对各个关键部件的受力情况进行详细的研究分析。

5. 确定设计产品的精度及样品加工

机器人的设计和加工必须讲究精度，对产品的精度须展开全方位的评估，主要的工作是对各个零部件的尺寸大小进行确定，对每个部件形态位置的公差进行再一次确定，以及检查每个零部件的表面光滑程度等。同时根据设计要求进行机器人样品的加工生产。

6. 对样品生产中的问题进行改进

机器人的样品在生产时，有可能产生这样或那样的问题和不足，这在设计过程中是正常现象。工程师技术人员应该及时发现这些问题，并进行收集整理，对设计时考虑不全面的部分进行弥补，对发生的问题及时进行改进。同时还要准备随时应用备用方案，尽量以最小改变为条件代替原方案。

综上所述，在经济快速发展的现代社会，工业机器人是未来工业应用的发展方向。工业机器人的机械结构设计必须以最小惯量、最优尺度和高比强度材料为设计和生产原则，遵循设计程序进行设计生产，以保证机器人的质量和应用效果。

1.4 工业机器人运动学原理

工业机器人作为现代制造业的关键设备，其精确的运动控制依赖于对运动学原理的深入理解。本节将详细阐述工业机器人运动学的基本概念、正运动学和逆运动学等问题，旨在为读者提供该领域的全面知识体系，帮助理解机器人如何实现预期的空间运动。

1.4.1 工业机器人运动学基本概念

1. 机器人坐标系

1）基坐标系

定义：基坐标系通常固定在机器人的基座上，是描述机器人整体运动的参考坐标系。它为机器人各关节和末端执行器的运动提供了一个全局的参考框架。

示例：在一个常见的六轴工业机器人中，基坐标系的原点可能位于机器人基座的中心位置，坐标轴的方向根据国际标准或特定的机器人设计规范确定，如 X 轴可能水平指向机器人的前方，Y 轴垂直于 X 轴指向一侧，Z 轴垂直向上。

2）关节坐标系

定义：每个关节都有其自身的坐标系，关节坐标系用于描述该关节相对于相邻关节或基坐标系的运动。关节坐标系的参数（如关节角度）直接决定了机器人各关节的运动状态。

例如：对于旋转关节，关节坐标系的旋转轴与关节的旋转轴重合；对于移动关节，关节坐标系的平移方向与关节的移动方向一致。

3）工具坐标系

定义：工具坐标系附着在机器人的末端执行器（如夹具、焊枪等工具）上，它描述了工具在机器人末端的位置和姿态。工具坐标系的原点通常位于工具的工作点（如夹具的夹持中心、焊枪的尖端），坐标轴方向根据工具的工作方向和设计确定。

作用：通过设定合适的工具坐标系，机器人可以精确地控制工具在空间中的位置和姿态，以完成各种复杂的任务，如焊接、装配等。

2. 齐次坐标变换

1）定义

齐次坐标是一种用于在更高维度空间中表示点和向量的方法，它在机器人运动学中起着核心作用。对于三维空间中的一个点 $P(x, y, z)$，其齐次坐标表示为 $P_h(x, y, z, 1)$。齐次坐标变换矩阵是一个 4×4 矩阵，用于描述坐标系之间的平移、旋转和缩放变换。

2）平移变换矩阵

形式：沿 x、y、z 轴分别平移 t_x、t_y、t_z 的平移变换矩阵 $\boldsymbol{T}_{\text{trans}}$ 为

$$\boldsymbol{T}_{\text{trans}}=\begin{bmatrix}1&0&0&t_x\\0&1&0&t_y\\0&0&0&t_z\\0&0&1&1\end{bmatrix} \tag{1-1}$$

示例：若点 $P(1,2,3)$ 经过沿 x 轴平移 2 个单位的变换，使用上述平移变换矩阵可得变换后点 P' 的齐次坐标为 $\boldsymbol{T}_{\text{trans}}\begin{bmatrix}1\\2\\3\\1\end{bmatrix}=\begin{bmatrix}1&0&0&t_x\\0&1&0&t_y\\0&0&0&t_z\\0&0&1&1\end{bmatrix}\begin{bmatrix}1\\2\\3\\1\end{bmatrix}=\begin{bmatrix}3\\2\\3\\1\end{bmatrix}$，转换回三维坐标为（3, 2, 3）。

3）旋转变换矩阵

绕 x 轴旋转 θ_x 角度的旋转变换矩阵 $\boldsymbol{R}_x(\theta_x)$ 为

$$\boldsymbol{R}_x(\theta_x)=\begin{bmatrix}1&0&0&0\\0&\cos\theta_x&-\sin\theta_x&0\\0&\sin\theta_x&\cos\theta_x&0\\0&0&1&1\end{bmatrix}$$

绕 y 轴旋转 θ_y 角度的旋转变换矩阵 $\boldsymbol{R}_y(\theta_y)$ 为

$$\boldsymbol{R}_y(\theta_y)=\begin{bmatrix}\cos\theta_y&0&\sin\theta_y&0\\0&1&0&0\\-\sin\theta_y&0&\cos\theta_y&0\\0&0&1&1\end{bmatrix}$$

绕 z 轴旋转 θ_z 角度的旋转变换矩阵 $\boldsymbol{R}_z(\theta_z)$ 为

$$\boldsymbol{R}_z(\theta_z)=\begin{bmatrix}\cos\theta_z&-\sin\theta_z&0&0\\\sin\theta_z&\cos\theta_z&0&0\\0&0&1&0\\0&0&0&1\end{bmatrix}$$

复合旋转变换：若机器人需要依次绕 x、y、z 轴旋转，则总的旋转变换矩阵 $\boldsymbol{R}=\boldsymbol{R}_z(\theta_z)\boldsymbol{R}_y(\theta_y)\boldsymbol{R}_x(\theta_x)$。

1.4.2 工业机器人正运动学

1. 正运动学问题描述

正运动学是指已知机器人各关节的变量（如关节角度或位移），求解机器人末端执行器在基坐标系中的位置和姿态。通过正运动学分析，可以确定机器人在给定关节状态下能够到达的空间位置，这对于机器人的路径规划和任务编程至关重要。

2. 基于 D–H 参数法的正运动学建模

1）D–H 参数法简介

D–H（Denavit–Hartenberg）参数法是一种广泛应用于机器人运动学建模的方法。它通过为每个关节建立坐标系，并使用 4 个参数（α，a，d，θ）来描述相邻关节坐标系之间的关系。

2）D–H 参数定义

连杆扭转角 α：绕公垂线从一个关节轴线旋转到另一个关节轴线的角度。

连杆长度 a：两个相邻关节轴线之间的公垂线长度。

关节偏距 d：从一个关节坐标系的原点沿 z 轴到下一个关节坐标系原点在公垂线上的投影距离。

关节角 θ：绕前一个关节的 z 轴从 x 轴旋转到公垂线的角度（对于旋转关节）；或沿 z 轴的平移量（对于移动关节）。

3）D–H 参数表建立

以一个六轴工业机器人为例，为每个关节依次建立坐标系，确定各关节的 D–H 参数，形成 D–H 参数表，相关示例见表 1–1。

表 1–1　D–H 参数表示例

关节序号	α_{i-1}	a_{i-1}	d_i	θ_i
1	0	0	d_1	θ_1
2	–90°	a_1	0	θ_2
3	0	a_2	d_3	θ_3
4	90°	0	d_4	θ_4
5	–90°	0	d_5	θ_5
6	0	0	d_6	θ_6

4）齐次变换矩阵推导

根据 D–H 参数，每个关节的齐次变换矩阵 $\boldsymbol{T}_{i-1}^{i}$ 可以表示为

$$T_{i-1}^{i}=\begin{bmatrix}\cos\theta_i & -\sin\theta_i\cos\alpha_{i-1} & \sin\theta_i\sin\alpha_{i-1} & a_{i-1}\cos\theta_i\\ \sin\theta_i & \cos\theta_i\cos\alpha_{i-1} & -\cos\theta_i\sin\alpha_{i-1} & a_{i-1}\sin\theta_i\\ 0 & \sin\alpha_{i-1} & \cos\alpha_{i-1} & d_i\\ 0 & 0 & 0 & 1\end{bmatrix} \tag{1-2}$$

机器人末端执行器相对于基坐标系的齐次变换矩阵 $\boldsymbol{T}_0^6$ 为各关节齐次变换矩阵的积：$\boldsymbol{T}_0^6=\boldsymbol{T}_0^1\boldsymbol{T}_1^2\boldsymbol{T}_2^3\boldsymbol{T}_3^4\boldsymbol{T}_4^5\boldsymbol{T}_5^6$。通过计算该乘积矩阵，可以得到机器人末端执行器在基坐标系中的位置和姿态信息。

3. 正运动学计算示例

假设一个简单的三自由度平面机器人，其 D–H 参数见表 1–2。

表 1–2　D–H 参数

关节序号	α_{i-1}	a_{i-1}	d_i	θ_i
1	0	0	0	θ_1
2	0	l_1	0	θ_2
3	0	l_2	0	θ_3

首先计算各关节的齐次变换矩阵分别为

$$T_0^1=\begin{bmatrix}\cos\theta_1 & -\sin\theta_1 & 0 & 0\\ \sin\theta_1 & \cos\theta_1 & 0 & 0\\ 0 & 0 & 1 & 0\\ 0 & 0 & 0 & 1\end{bmatrix} \tag{1-3}$$

$$T_1^2=\begin{bmatrix}\cos\theta_2 & -\sin\theta_2 & 0 & l_1\cos\theta_2\\ \sin\theta_2 & \cos\theta_2 & 0 & l_1\sin\theta_2\\ 0 & 0 & 1 & 0\\ 0 & 0 & 0 & 1\end{bmatrix} \tag{1-4}$$

$$T_2^3=\begin{bmatrix}\cos\theta_3 & -\sin\theta_3 & 0 & l_2\cos\theta_3\\ \sin\theta_3 & \cos\theta_3 & 0 & l_2\sin\theta_3\\ 0 & 0 & 1 & 0\\ 0 & 0 & 0 & 1\end{bmatrix} \tag{1-5}$$

则末端执行器相对于基坐标系的齐次变换矩阵 $\boldsymbol{T}_0^3=\boldsymbol{T}_0^1\boldsymbol{T}_1^2\boldsymbol{T}_2^3$。

经过矩阵乘法运算可得

$$T_0^3=\begin{bmatrix}\cos(\theta_1+\theta_2+\theta_3) & -\sin(\theta_1+\theta_2+\theta_3) & 0 & l_1\cos(\theta_1+\theta_2)\ l_2\cos(\theta_1+\theta_2+\theta_3)\\ \sin(\theta_1+\theta_2+\theta_3) & \cos(\theta_1+\theta_2+\theta_3) & 0 & l_1\cos(\theta_1+\theta_2)\ l_2\sin(\theta_1+\theta_2+\theta_3)\\ 0 & 0 & 1 & 0\\ 0 & 0 & 0 & 1\end{bmatrix}$$

从该矩阵中，可以得到末端执行器在基坐标系中的位置信息（矩阵第四列的前三个元素）和姿态信息（矩阵左上角的 3×3 子矩阵）。

1.4.3 工业机器人逆运动学

1. 逆运动学问题描述

逆运动学是正运动学的逆过程，即已知机器人末端执行器在基坐标系中的期望位置和姿态，求解机器人各关节的变量（关节角度或位移）。逆运动学问题在机器人控制中非常关键，因为机器人的任务通常以末端执行器的目标位置和姿态来定义，通过逆运动学求解可以将这些任务转化为各关节的运动控制指令。

2. 逆运动学求解方法

1）解析法

原理：解析法是通过对正运动学方程进行数学推导和求解，直接得出关节变量的解析表达式。对于一些结构相对简单的机器人，如具有特定几何结构的平面机器人或部分串联机器人，可以使用三角函数关系、几何约束等方法来求解逆运动学。

示例：对于上述简单的三自由度平面机器人，已知末端执行器的位置（x，y），可以通过几何关系和三角函数来求解关节角度。设 $r=\sqrt{x^2+y^2}$，$\theta_1=\arctan\left(\frac{y}{x}\right)$，然后根据三角形的边长关系和角度关系可进一步求解 θ_2 和 θ_3。但解析法对于复杂结构的机器人，尤其是具有多个自由度和复杂几何结构的机器人，求解过程可能非常复杂，甚至无法得到封闭形式的解。

2）数值迭代法

原理：数值迭代法是通过迭代计算逐步逼近逆运动学的解。常用的数值迭代法有牛顿-拉夫逊法等。该方法基于当前的关节变量估计值，通过计算雅可比矩阵（描述关节变量微小变化与末端执行器位置和姿态微小变化之间关系的矩阵），不断调整关节变量，使末端执行器逐步接近目标位置和姿态。

步骤如下。

首先，给定初始关节变量值 θ^0。

计算当前关节变量下的末端执行器位置和姿态 $\boldsymbol{T}(\theta^k)$（k 表示迭代次数），并与目标位置和姿态 $\boldsymbol{T}_d$ 比较，得到误差 $\Delta\boldsymbol{T}=\boldsymbol{T}_d-\boldsymbol{T}(\theta^k)$。

计算雅可比矩阵 $\boldsymbol{J}(\theta^k)$。

根据牛顿-拉夫逊法的迭代公式 $\theta^{k-1}=\theta^k+\boldsymbol{J}^{-1}(\theta^k)\Delta\boldsymbol{T}$ 更新关节变量。

重复上述步骤，直到误差 $\Delta\boldsymbol{T}$ 满足设定的精度要求。数值迭代法适用于各种复杂结构的机器人，但计算量较大，且迭代过程可能存在收敛性问题。

3. 逆运动学解的多解性与奇异性

1）多解性

对于许多机器人，逆运动学问题可能存在多个解。这是因为机器人可以通过不同的关节配置达到相同的末端执行器位置和姿态。例如，在一个六轴工业机器人中，当末端执行器需要到达某个空间位置时，可能存在多种不同的关节角度组合方式，这些不同的解对应着机器人不同的运动形态。多解性在机器人运动规划中需要特别考虑，应根据实际任务需求（如避免碰撞、运动平稳性等）选择合适的解。

2）奇异性

机器人在某些特定的关节配置下，会出现雅可比矩阵奇异的情况，此时逆运动学的解可能不存在或不唯一，这就是机器人的奇异性。在奇异点处，机器人的某些自由度会失去独立运动的能力，末端执行器的微小运动可能会导致关节变量的无限大变化。例如，当机器人的某些关节轴线共线或平行时，就容易出现奇异点。了解机器人的奇异性对于机器人的安全运行和精确控制至关重要，在机器人运动规划中应尽量避免进入奇异区域。

1.4.4　结论

工业机器人运动学原理是机器人控制和应用的核心基础。正运动学提供了从关节变量到末端执行器位置和姿态的映射关系，而逆运动学则解决了如何根据末端执行器的目标任务求解关节变量的关键问题。通过深入理解机器人坐标系、齐次坐标变换及正逆运动学的求解方法，能够更好地设计、编程和控制工业机器人，使其在各种复杂的生产任务中发挥高效、精确的作用。同时，逆运动学解的多解性和奇异性等问题也提醒我们在实际应用中需要综合考虑各种因素，以实现机器人的最优运动规划和稳定运行。

1.5　工业机器人机械传动机构

工业机器人的驱动源通过传动部件来驱动关节的移动或转动，从而实现机身、手臂和手腕的运动。因此，传动部件是构成工业机器人的重要部件。根据传动类型的不同，传动部件可以分为两大类：直线传动机构和旋转传动机构。

1.5.1　直线传动机构

工业机器人常用的直线传动机构可以直接由液（气）压缸和活塞产生，也可以采用齿轮齿条装置、滚珠丝杠螺母等传动元件由旋转运动转换得到。

1. 移动关节导轨

在运动过程中，移动关节导轨可以起到保证位置精度和导向的作用。移动关节导轨有 5 种：普通滑动导轨、液压动压滑动导轨、液压静压滑动导轨、气浮导轨和滚动导轨。

前两种导轨具有结构简单、成本低的优点，但是它们必须留有间隙以便润滑，而机器人载荷的大小和方向变化很快，间隙的存在又将会引起坐标位置的变化和有效载荷的变化。另外，这两种导轨的摩擦系数会随着速度的变化而变化，在低速时容易产生爬行现象等缺点。

液压静压滑动导轨能产生预载荷，可完全消除间隙，具有高刚度、低摩擦、高阻尼等优点，但是它需要单独的液压系统和回收润滑油的机构。

气浮导轨的缺点是刚度和阻尼较低。

目前滚动导轨在工业机器人中的应用最为广泛，图 1–11 为包容式滚动导轨的结构，用支承座支承，可以方便地与任何平面相连，此时套筒必须是开式的，嵌入在滑枕中，既增强刚度也方便了与其他元件的连接。

2. 齿轮齿条装置

齿轮齿条装置如图 1–12 所示。如果齿条固定不动，当齿轮转动时，齿轮轴连同拖板沿齿条方向做直线运动。这样，齿轮的旋转运动即可转换成拖板的直线运动。拖板是由导杆或导轨支承的，该装置的回差较大。

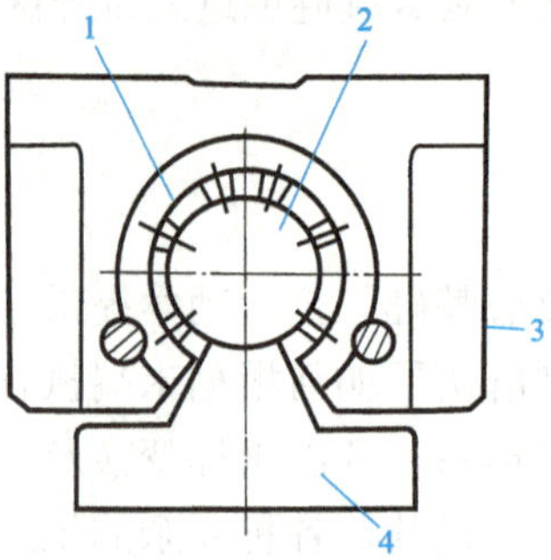

1—开式套管；2—轴；3—滑枕；4—支承。

图 1–11　包容式滚动导轨

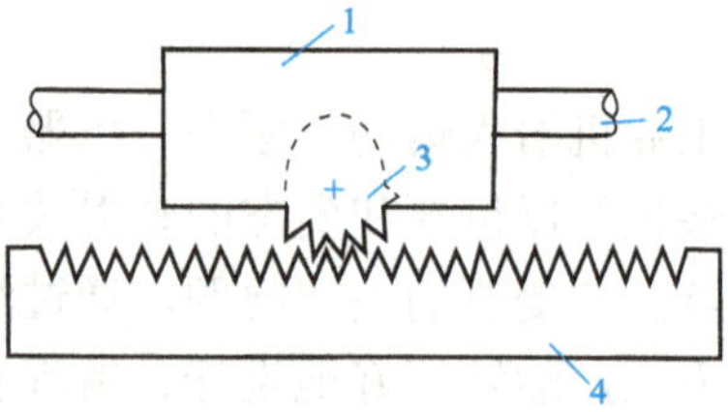

1—拖板；2—导杆；3—齿轮；4—齿条。

图 1–12　齿轮齿条装置

3. 滚珠丝杠螺母

在工业机器人中经常采用滚珠丝杠，这是因为滚珠丝杠的摩擦力很小且运动响应速度快。由于滚珠丝杠螺母的螺旋槽里放置了许多滚珠，丝杠在传动过程中所受的是滚动摩擦力，摩擦力较小，因此传动效率高，同时可消除低速运动时的爬行现象，另外，在装配时施加一定的预紧力，可消除回差。

如图 1–13 所示，滚珠丝杠螺母里的滚珠经过研磨的导槽循环往复传递运动与动力。滚珠丝杠的传动效率可以达到 90%。

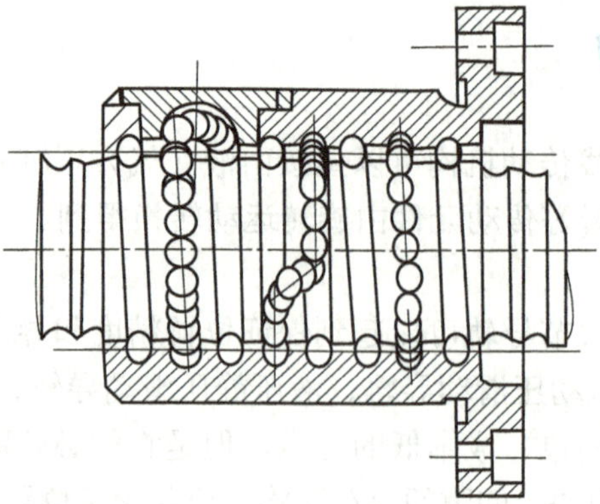

图 1–13　滚珠丝杠螺母

4. 液（气）压缸

液（气）压缸是将液压泵（空压机）输出的压力能转换为机械能并做直线往复运动的执行元件，使用液（气）压缸可以容易地实现直线运动。液（气）压缸主要由缸筒、缸盖、活塞、活塞杆和密封装置等部件构成，活塞和缸筒采用精密滑动配合，压力油（压缩空气）从液（气）压缸的一端进入，将活塞推向液（气）压缸的另一端，从而实现直线运动。通过调节进入液（气）压缸液压油（压缩空气）的流动方向和流量可以控制液（气）压缸的运动方向和速度。

1.5.2　旋转传动机构

一般电机都能够直接产生旋转运动，但其输出力矩比所要求的力矩小，转速比要求的转速高，因此需要采用齿轮副、同步带传送或其他运动传动机构，将较高的转速转换成较低的转速，并获得较大的力矩。运动的传递和转换必须高效率地完成，并且不能有损于机器人系统所需要的特性，包括定位精度、重复定位精度和可靠性等。通过下列传动机构可以实现运动的传递和转换。

1. 齿轮副

齿轮副不但可以传递运动角位移和角速度，而且可以传递力和力矩，如图 1–14 所示，一个齿轮装在输入轴上，另一个齿轮装在输出轴上，可以得到齿轮的齿数与其转速成反比［见式（1–6）］，输出力矩与输入力矩之比等于输出齿数与输入齿数之比［见式（1–7）］。

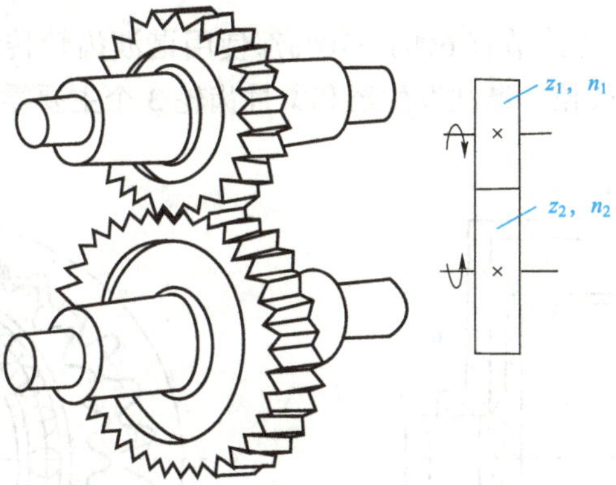

图 1–14　齿轮副

$$\frac{z_2}{z_1}=\frac{n_1}{n_2} \tag{1–6}$$

$$\frac{T_1}{T_2}=\frac{z_1}{z_2} \tag{1–7}$$

式中：z_1 为柔性齿轮的齿数；z_2 为刚性齿轮的齿数。假设刚性齿轮有 100 个齿，柔性齿轮比它少 2 个齿，则当谐波发生器转 50 圈时，柔性齿轮转 1 圈，这样只占用很小的空间就可以得到 1:50 的减速比。通常将谐波发生器装在输入轴，将柔性齿轮装在输出轴，以获得较大的齿轮减速比。

2. 同步带传动

在工业机器人中，同步带传动主要用来传递平行轴间的运动。同步传送带和带轮的接触面都制成相应的齿形，靠啮合传递功率，其传动原理如图 1–15 所示。齿的节距用包络带轮时的圆节距 t 表示。

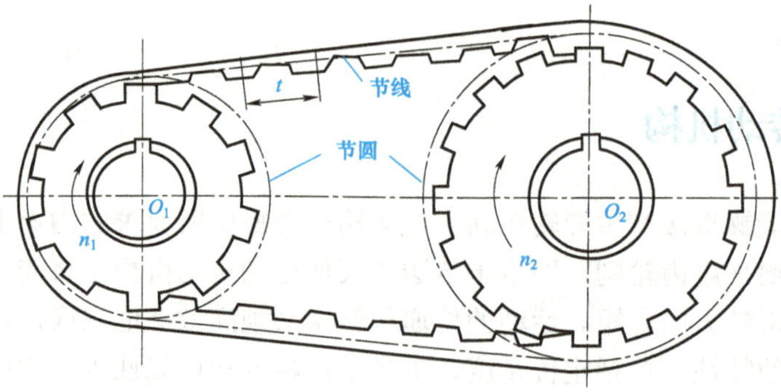

图 1–15　同步带传动

同步带传动的优点包括：传动时无滑动，传动比准确，传动平稳；减速比范围大；初始拉力小；轴与轴承不易过载。但是，这种传动机构的制造及安装要求严格，对带的材料要求也较高，因而成本较高。同步带传动适合于电机和高减速比减速器之间的传动。

3. 谐波齿轮传动

目前工业机器人的旋转关节有 60%～70%都使用谐波齿轮传动。

谐波齿轮传动由刚性齿轮、谐波发生器和柔性齿轮 3 个主要零件组成，如图 1–16 所示。

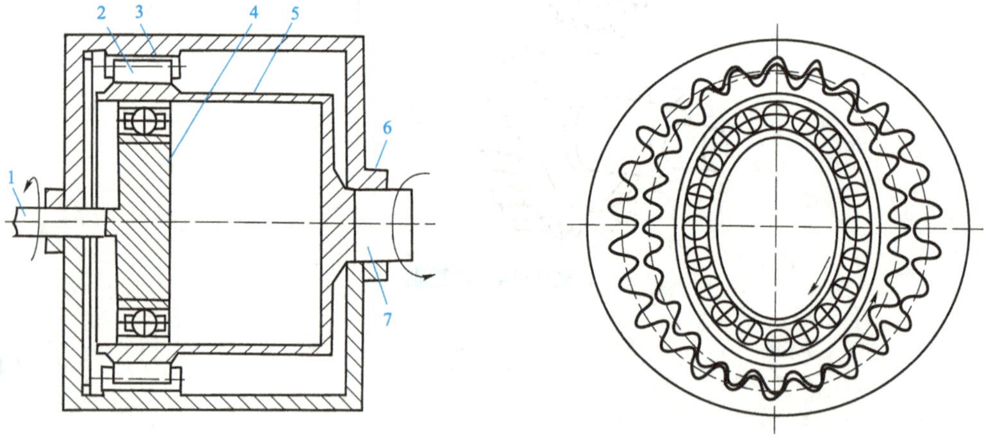

1—输入轴；2—柔性外齿圈；3—刚性内齿圈；4—谐波发生器；5—柔性齿轮；6—刚性齿轮；7—输出轴。

图 1–16　谐波齿轮传动

工作时，刚性齿轮固定安装，各齿均布于圆周上，具有外齿圈的柔性齿轮沿刚性齿轮的内齿圈转动。柔性齿轮比刚性齿轮少 2 个齿，所以柔性齿轮沿刚性齿轮每转一圈就反向转过 2 个齿的相应转角。谐波发生器具有椭圆形轮廓，装在其上的滚珠用于支承柔性齿轮，谐波发生器驱动柔性齿轮旋转并使之发生塑性变形。转动时，柔性齿轮的椭圆形端部只有少数齿与刚性齿轮啮合，只有这样，柔性齿轮才能相对于刚性齿轮自由地转过一定的角度。通常刚性齿轮固定，谐波发生器作为输入端，柔性齿轮与输出轴相连。

4. 摆线针轮传动

摆线针轮传动是在针摆传动基础上发展起来的一种新型传动方式，20 世纪 80 年代，日本研制出了用于机器人关节的摆线针轮传动减速器，图 1–17 为摆线针轮传动简图。它由渐开线圆柱齿轮行星减速机构和摆线针轮行星减速机构两部分组成。渐开线行星轮与曲柄轴连成一体，作为摆线针轮传动部分的输入。如果渐开线中心轮顺时针旋转，那么，渐开线行星齿轮在公转的同时还进行逆时针自转，并通过曲柄轴带动摆线轮做平面运动。此时，摆线轮因受与之啮合的针轮的约束，在其轴线绕针轮轴线公转的同时，还将进行反方向自转，即顺时针转动。同时，它通过曲柄轴推动行星架输出机构顺时针转动。

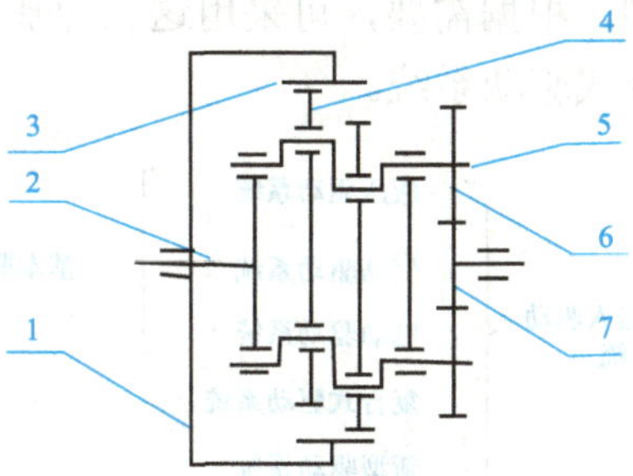

1—针齿壳；2—输出轴；3—针齿；4—摆线轮；5—曲柄轴；6—行星轮；7—中心轮。

图 1–17　摆线针轮传动

1.6　工业机器人的驱动系统

20 世纪 70 年代后期，日本安川电机研制开发出了第一台全电动的工业机器人，而此前的工业机器人基本采用液压驱动方式。与采用液压驱动的工业机器人相比，采用伺服电机驱动的工业机器人在响应速度、精度、灵活性等方面都有很大提高，因此逐步代替了采用液压驱动的工业机器人，同时伺服电机驱动也成为工业机器人驱动方式的主流。在此过程中，谐波减速器、RV 减速器等高性能减速机构的发展也功不可没。近年来，交流伺服驱动方式已经逐渐代替传统的直流伺服驱动方式，直线电机驱动等新型驱动方式在许多应用领域也有了长足发展。

在工业机器人的机械部分中，驱动器按照控制系统发出的指令信号，通过联轴器带动传动装置，然后通过关节轴带动杆件运动，相当于人的肌肉、经络。

1.6.1　工业机器人驱动系统概述

工业机器人的驱动系统是主要用于提供工业机器人各部位、各关节动作的原动力，直接或间接地驱动机器人本体，以获得工业机器人的各种运动的执行机构。工业机器人驱动系统的能量转换示意图如图 1–18 所示。要使工业机器人运行起来，需要给其各个关节即每个运动自由度安置驱动装置。

图 1–18　工业机器人驱动系统的能量转换示意图

1. 工业机器人驱动系统的分类

工业机器人的驱动系统按动力源可分为液压驱动系统、气动驱动系统、电动驱动系统、复合式驱动系统和新型驱动系统，如图 1–19 所示。液压驱动系统、气动驱动系统和电动驱动系统为三种基本的驱动类型。根据需要，可采用这三种基本驱动类型中的一种，或由这三种基本驱动类型组合成复合式驱动系统。

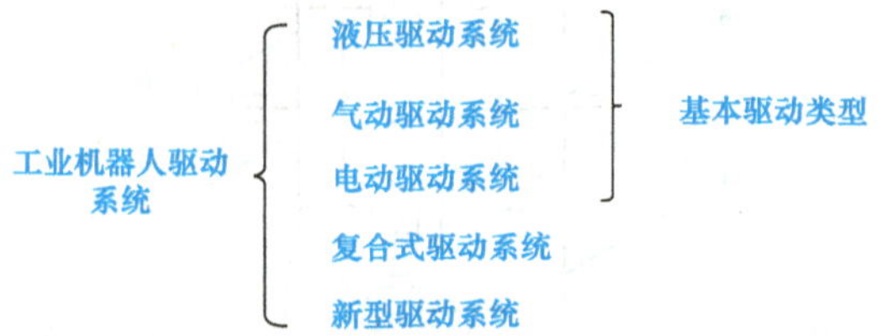

图 1–19　工业机器人驱动系统的分类

2. 各种驱动方式的特点及其比较

工业机器人各种驱动方式的特点及其比较见表 1–3。

表 1–3　工业机器人各种驱动方式的特点及其比较

内容	液压驱动	气动驱动	电动驱动
输出功率	很大； 压力范围为 0.5～14 MPa	大； 压力范围为 0.4～0.6 MPa，最大可达 1 MPa	较大
控制性能	控制精度较高； 可无级调速； 反应灵敏； 可实现连续轨迹控制	气体压缩性大； 精度低； 阻尼效果差； 低速不易控制； 难以实现伺服控制	控制精度高； 反应灵敏； 可实现高速、高精度的连续轨迹控制； 伺服特性好，控制系统复杂
响应速度	很高	较高	很高
结构性能及体积	执行机构可标准化、模块化，易实现直接驱动，功率质量比大，体积小，结构紧凑，密封问题较大	执行机构可标准化、模块化，易实现直接驱动，功率质量比较大，体积小，结构紧凑，密封问题较小	伺服电机易于标准化，结构性能好，噪声低，电机一般需配置减速装置；除 DD 电机外，难以进行直接驱动，结构紧凑，无密封问题

续表

内容	液压驱动	气动驱动	电动驱动
安全性	防爆性能较好，用液压油作驱动介质，在一定条件下有火灾危险	防爆性能好，高于 1 000 kPa（10 个大气压）时应注意设备的抗压性	设备自身无爆炸和火灾危险；直流有刷电机换向时有火花，防爆性能较差
对环境的影响	泄漏对环境有污染	排气时有噪声	很小
效率与成本	效率中等（0.3～0.6），液压元件成本较高	效率较低（0.15～0.2），气源方便，结构简单，成本低	效率为 0.5 左右，成本高
维修及使用	方便，但油液对环境温度有一定要求	方便	较复杂
应用范围	适用于重载、低速驱动场合，电液伺服系统适用于喷涂机器人、重载点焊机器人和搬运机器人	适用于中小负载、快速驱动、精度要求较低的有限点位程序控制机器人，如冲压机器人、机器人本体的气动平衡及装配机器人气动夹具	适用于中小负载、要求具有较高的位置控制精度和速度的工业机器人，如 AC 伺服喷涂机器人、点焊机器人、弧焊机器人、装配机器人等

1.6.2　液压驱动

液压驱动是一种以液体为工作介质进行能量传递和控制的驱动方式。根据能量传递形式不同，液体驱动又分为液力驱动和液压驱动。液力驱动主要是指利用液体动能进行能量转换的驱动方式，如液力耦合器和液力变矩器。液压驱动是指利用液体压力能进行能量转换的驱动方式。

液压驱动工业机器人利用油液作为传递的工作介质。电机带动液压泵输出压力油，将电机输出的机械能转换成油液的压力能，压力油经过管道及一些控制调节装置等进入油缸，推动活塞杆运动，从而使机械臂产生伸缩、升降等运动，将油液的压力能又转换成机械能。在机械上采用液压驱动技术，可以简化机器的结构，减轻机器重量，减少材料消耗，降低制造成本，减轻劳动强度，提高工作效率和工作的可靠性。

1.6.3　气动驱动

气动驱动与液压驱动类似，只是气动驱动以压缩气体为工作介质，靠气体的压力传递动力或驱动信息的流体。传递动力的系统是将压缩气体经由管道和控制阀输送给气动执行元件，将压缩气体的压力能转换为机械能；传递信息的系统利用气动逻辑元件或射流元件来实现逻辑运算等功能。

1.6.4 电动驱动

电动驱动是指利用电机产生的力或力矩，直接或经过机械传动机构驱动工业机器人的关节，以获得所要求的位置、速度和加速度，即将电能变为机械能，以驱动工业机器人工作的驱动方式，如步进电机驱动就是一种将电脉冲信号转化为位移或者是角位移的驱动方式。因为电动驱动省去了中间的能量转换过程，所以比液压驱动和气动驱动效率高。目前，除了个别运动精度不高、重负载或有防爆要求的采用液压驱动、气动驱动外，工业机器人大多采用电动驱动，驱动器布置方式大都为一个关节布置一个驱动器。电动驱动无环境污染，响应快，精度高，成本低，控制方便。

第2章

配合与公差技术

2.1 配合与公差的基本术语

2.1.1 尺寸的术语及定义

1. 基本尺寸

零件设计时给定的尺寸称为基本尺寸。

2. 实际尺寸

零件制作后，通过测量所得的尺寸，称为实际尺寸。

3. 极限尺寸

允许尺寸变化的两个界限值，称为极限尺寸。其中较大的一个尺寸称为最大极限尺寸或上极限尺寸，较小的一个尺寸称为最小极限尺寸或下极限尺寸。

4. 公称尺寸

由图样规范确定的理想形状的尺寸，称为公称尺寸。通过它应用上、下偏差可算出极限尺寸。公称尺寸可以是一个整数或一个小数值，如：32，15，8.75，0.5。

2.1.2 有关孔和轴的术语及定义

1. 孔

孔指工件的圆柱形内表面，也包括非圆柱形内表面（由二平行平面或切面形成的包容面）。

2. 轴

轴指工件的圆柱形外表面，也包括非圆柱形外表面（由二平行平面或切面形成的被包容面）。

3. 基准轴

在基轴制配合中选作基准的轴（上极限偏差为零的轴）即为基准轴。

4. 基准孔

在基孔制配合中选作基准的孔（下极限偏差为零的孔）即为基准孔。

各类孔、轴的定义详情如图 2-1 所示。

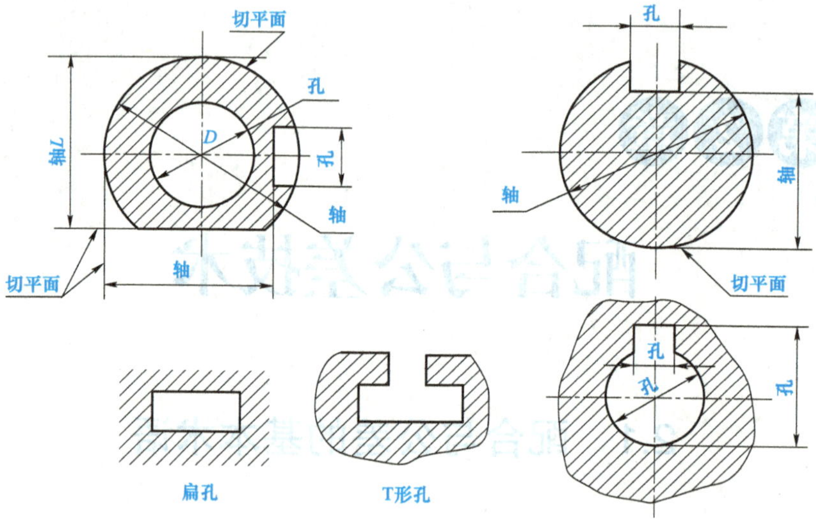

图 2-1　各类孔、轴的定义

2.1.3　偏差与公差的术语及定义

1. 偏差

偏差指某一尺寸（实际尺寸、极限尺寸）减去其基本尺寸所得的代数差。

（1）极限偏差：极限偏差指极限尺寸减去其基本尺寸所得的代数差。

（2）实际偏差：实际偏差指实际尺寸减去其基本尺寸所得的代数差。

2. 公差

允许尺寸的变动量称为尺寸公差（简称公差）。

3. 零线

在公差带图中，确定偏差的一条基准直线称为零线，即零偏差线。

4. 公差带

在公差带图中，由代表上下偏差的两条直线所限定的一个区域，称为尺寸公差带，简称公差带，如图 2-2 所示为孔和轴的公差带。

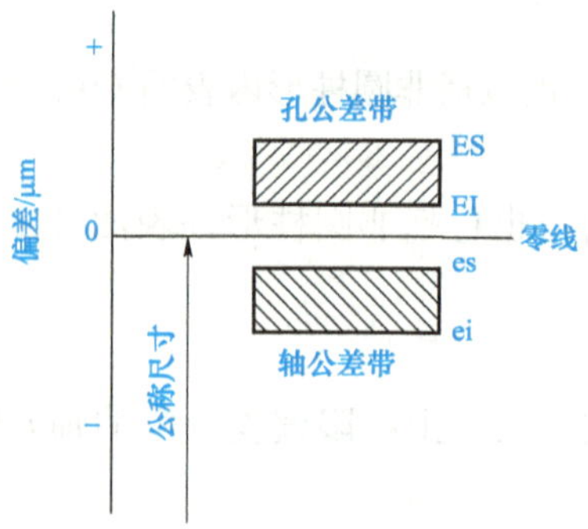

图 2-2　孔和轴的公差带

公差带有以下两个构成要素：

（1）公差带大小：由标准公差确定。

（2）公差带位置：由基本偏差确定。

2.1.4　有关配合的术语及定义

1. 配合

基本尺寸相同的，相互结合的孔和轴的公差带之间的关系称为配合。

2. 间隙与过盈

当孔的尺寸减去相配合的轴的尺寸为正时是间隙，一般用“X”表示；当孔的尺寸减去与其相配合的轴的尺寸为负时是过盈，一般用“Y”表示。间隙数值前应标有“+”号；过盈数值前应标有“-”号。

3. 配合分类

配合分为：间隙配合、过盈配合、过渡配合。

1）间隙配合

具有间隙（包括间隙等于零）的配合即为间隙配合，其特点是孔公差带在轴公差带之上，如图 2-3 所示。

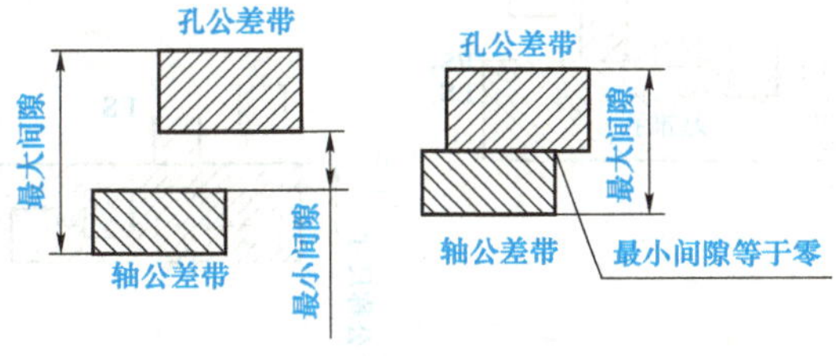

图 2-3　间隙配合

2）过盈配合

具有过盈（包括最小过盈等于零）的配合即为过盈配合，其特点是孔公差带在轴公差带之下，如图 2-4 所示。

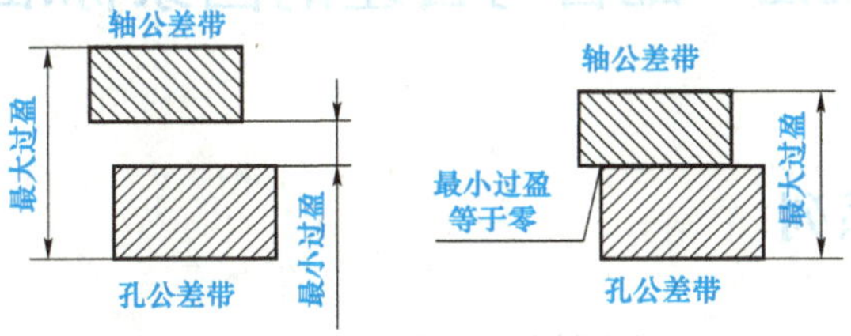

图 2-4　过盈配合

3）过渡配合

可能具有间隙或过盈的配合即为过渡配合，此时，孔公差带与轴公差带相互交叠，如图 2-5 所示。

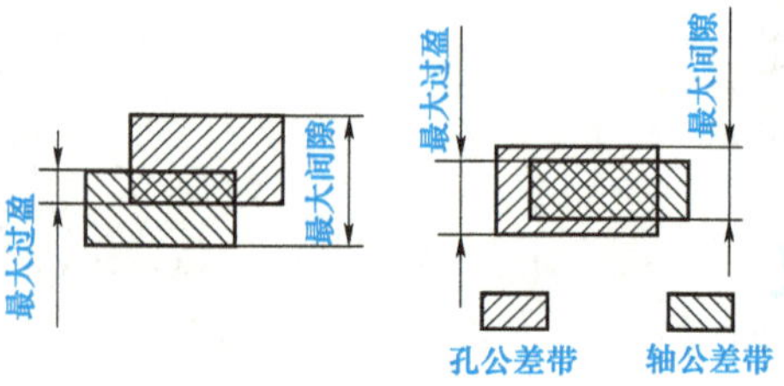

图 2-5　过渡配合

4. 配合制

标准对配合规定了两种配合制：基孔制和基轴制，如图 2-6 所示。

（1）基孔制：基本偏差为一定的孔公差带与不同基本偏差的轴公差带形成各种配合的一种制度。基孔制中的孔为基准孔，其下偏差为零。

（2）基轴制：基本偏差为一定的轴公差带与不同基本偏差的孔公差带形成各种配合的一种制度。基轴制中的轴为基准轴，其上偏差为零。

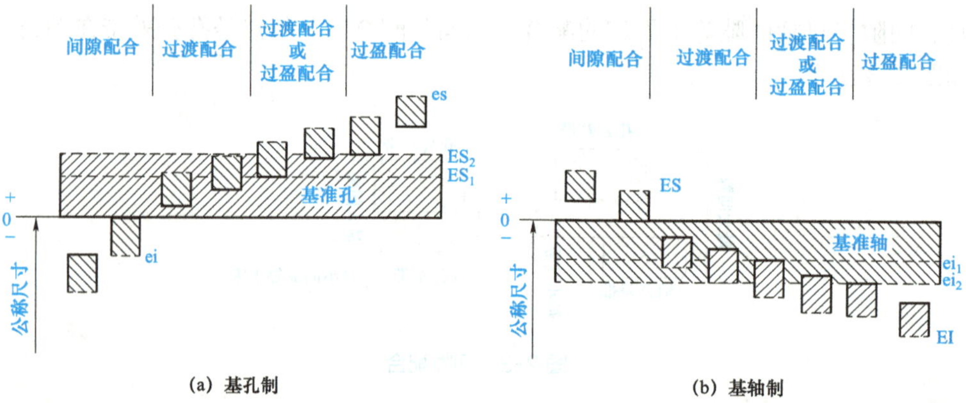

图 2-6　配合制

2.2　配合与公差的国家标准

2.2.1　标准公差系列

标准公差 T（ISO tolerance）指国标规定的用以确定公差带大小的任一公差值，等于公差等级系数和公差单位的乘积。

1. 公差等级及其代号

国标规定标准公差分为 20 个等级，即 IT01、IT0 及 IT1～IT18，等级依次降低，而相应的标准公差值依次增大。

公差等级有以下特点。

（1）同一基本尺寸的孔与轴，其标准公差数值大小应随公差等级的高低而不同。公差等级越高，公差值越小。

（2）同一公差等级的孔与轴，随着基本尺寸大小的不同应规定不同的标准公差值。基本尺寸越大，公差值越大。

（3）公差是加工误差的允许值，同一等级的公差具有相同的加工难易程度。

2. 标准公差数值

当基本尺寸不大于 500 mm 时，IT5～IT18 的标准公差数值计算公式为

$$T=ai$$

式中：a——公差等级系数，是确定公差等级的参数；

i——公差单位，是计算公差的基本单位，与基本尺寸呈一定的线性关系。

3. 尺寸分段

（1）基本尺寸分段：国标对基本尺寸进行了分段，共分为 13 段，见表 2-1“基本尺寸”列。

（2）基本尺寸一律以所属尺寸段的几何平均值来计算。

（3）按几何平均值计算出的公差值经尾数化整，代入标准公差公式即可得出标准公差值。表 2-1 为计算出的标准公差表。

表 2-1　标准公差表

根据国际标准，以下为基本尺寸 0～500 mm，IT4～IT18 级精度标准公差表。

基本尺寸/mm		公差值														
		IT4	IT5	IT6	IT7	IT8	IT9	IT10	IT11	IT12	IT13	IT14	IT15	IT16	IT17	IT18
大于	到	μm								mm						
—	3	3	4	6	10	14	25	40	60	0.10	0.14	0.25	0.40	0.60	1.0	1.4
3	6	4	5	8	12	18	30	48	75	0.12	0.18	0.30	0.48	0.75	1.2	1.8
6	10	4	6	9	15	22	36	58	90	0.15	0.22	0.36	0.58	0.90	1.5	2.2
10	18	5	8	11	18	27	43	70	110	0.18	0.27	0.43	0.70	1.10	1.8	2.7
18	30	6	9	13	21	33	52	84	130	0.21	0.33	0.52	0.84	1.30	2.1	3.3
30	50	7	11	16	25	39	62	100	160	0.25	0.39	0.62	1.00	1.60	2.5	3.9
50	80	8	13	19	30	46	74	120	190	0.30	0.46	0.74	1.20	1.90	3.0	4.6
80	120	10	15	22	35	54	87	140	220	0.35	0.54	0.87	1.40	2.20	3.5	5.4
120	180	12	18	25	40	63	100	160	250	0.40	0.63	1.00	1.60	2.50	4.0	6.3
180	250	14	20	29	46	72	115	185	290	0.46	0.72	1.15	1.85	2.90	4.6	7.2
250	315	16	23	32	52	81	130	210	320	0.52	0.81	1.30	2.10	3.20	5.2	8.1
315	400	18	25	36	57	89	140	230	360	0.57	0.89	1.40	2.30	3.60	5.7	8.9
400	500	20	27	40	63	97	155	250	400	0.63	0.97	1.55	2.50	4.00	6.3	9.7

注：当基本尺寸小于 1 mm 时，无 IT14～IT18。

2.2.2 基本偏差系列

1. 基本偏差系列代号及特征

基本偏差：用于确定公差带相对于零线位置的上偏差或下偏差。标准规定一般以靠近零线的那个极限偏差作为基本偏差。

标准设置了 28 个基本偏差，其代号分别用拉丁字母表示，大写表示孔，小写表示轴。在 26 个拉丁字母中去掉容易与其他含义混淆的 5 个字母：I、L、O、Q、W（i、l、o、q、w），同时增加了 7 个双写字母：CD、EF、FG、JS、ZA、ZB、ZC（cd、ef、fg、js、za、zb、zc）。

对于轴：a～h 的基本偏差为上偏差 es，其绝对值依次减小，p～zc 的基本偏差为下偏差 ei，其绝对值依次增大。

对于孔：A～H 的基本偏差为下偏差 EI，其绝对值依次减小，P～ZC 的基本偏差为上偏差 ES，其绝对值依次增大。

其中，JS 和 js 相对于零线完全对称。H 为基准孔，基本偏差为下偏差，值为 0；h 为基准轴，基本偏差为上偏差，值为 0。基本偏差系列如图 2-7 所示。

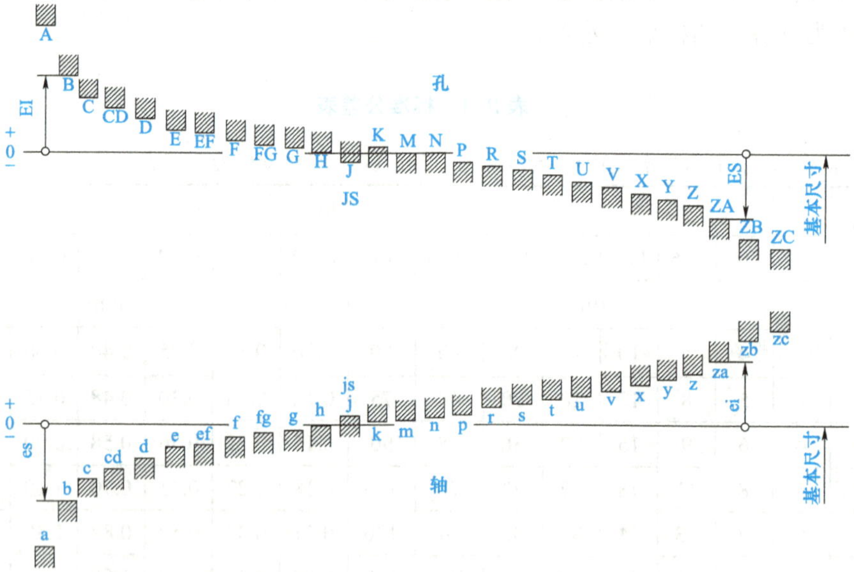

图 2-7 基本偏差系列

2. 轴的基本偏差的确定

轴的基本偏差：是根据科学实验和生产实践的需要确定的。

当轴的基本偏差确定后，在已知公差等级的情况下，可确定轴的另一个极限偏差，其计算公式为

$$es=ei+T_s \text{ 或 } ei=es-T_s$$

3. 孔的基本偏差的确定

孔的基本偏差：当基本尺寸为 500 mm 时，孔的基本偏差可从轴的基本偏差换算而来，

换算规则如下。

（1）通用规则：用同一字母表示的孔、轴基本偏差的绝对值相等，符号相反。即

$$ES=-ei \qquad EI=-es$$

应用：A～H 和 IT＞IT8 的基本偏差；J、K、M、N 和 IT＞IT7 的基本偏差 P～ZC。

（2）特殊规则：用同一字母表示孔、轴基本偏差时，孔的基本偏差和轴的基本偏差符号相反，而绝对值相差一个值。即

$$ES=-ei+\Delta$$

应用：IT≤IT8（IT8，IT7，IT6，…）的基本偏差 J、K、M、N 及 IT≤IT7（IT7，IT6，IT5，…）的基本偏差 P～ZC。

常见的孔的公差带如图 2-8 所示，常见的轴的公差带如图 2-9 所示。

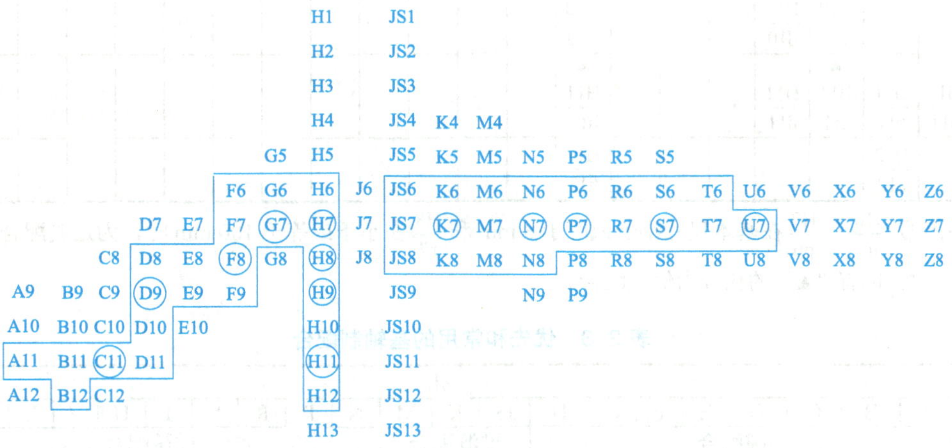

图 2-8　常见的孔的公差带

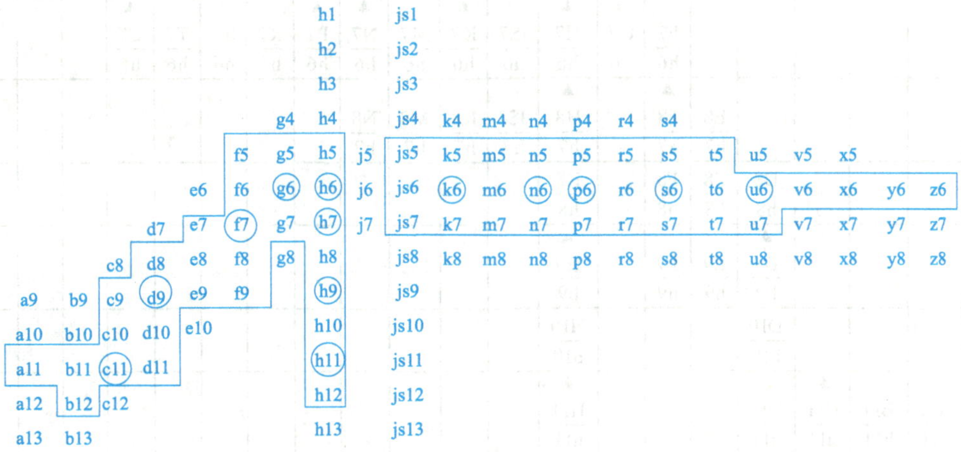

图 2-9　常见的轴的公差带

优先和常用的基孔制配合见表 2-2，优先和常用的基轴制配合见表 2-3。

表 2-2 优先和常用的基孔制配合

基准孔	轴																				
	a	b	c	d	e	f	g	h	js	k	m	n	p	r	s	t	u	v	x	y	z
	间隙配合								过渡配合				过盈配合								
H6						$\frac{H6}{f5}$	$\frac{H6}{g5}$	$\frac{H6}{h5}$	$\frac{H6}{js5}$	$\frac{H6}{k5}$	$\frac{H6}{m5}$	$\frac{H6}{n5}$	$\frac{H6}{p5}$	$\frac{H6}{r5}$	$\frac{H6}{s5}$	$\frac{H6}{t5}$					
H7						$\frac{H7}{f6}$	▲ $\frac{H7}{g6}$	▲ $\frac{H7}{h6}$	$\frac{H7}{js6}$	▲ $\frac{H7}{k6}$	$\frac{H7}{m6}$	▲ $\frac{H7}{n6}$	▲ $\frac{H7}{p6}$	$\frac{H7}{r6}$	▲ $\frac{H7}{s6}$	$\frac{H7}{t6}$	▲ $\frac{H7}{u6}$	$\frac{H7}{v6}$	$\frac{H7}{x6}$	$\frac{H7}{y6}$	$\frac{H7}{z6}$
H8					$\frac{H8}{e7}$	▲ $\frac{H8}{f7}$	$\frac{H8}{g7}$	▲ $\frac{H8}{h7}$	$\frac{H8}{js7}$	$\frac{H8}{k7}$	$\frac{H8}{m7}$	$\frac{H8}{n7}$	$\frac{H8}{p7}$	$\frac{H8}{r7}$	$\frac{H8}{s7}$	$\frac{H8}{t7}$	$\frac{H8}{u7}$				
				$\frac{H8}{d8}$	$\frac{H8}{e8}$	$\frac{H8}{f8}$		$\frac{H8}{h8}$													
H9			$\frac{H9}{c9}$	▲ $\frac{H9}{d9}$	$\frac{H9}{c9}$	$\frac{H9}{f9}$		▲ $\frac{H9}{h9}$													
H10			$\frac{H10}{c10}$	$\frac{H10}{d10}$				$\frac{H10}{h10}$													
H11	$\frac{H11}{a11}$	$\frac{H11}{b11}$	▲ $\frac{H11}{c11}$	$\frac{H11}{d11}$				▲ $\frac{H11}{h11}$													
H12		$\frac{H12}{a12}$						$\frac{H12}{h12}$													

注：① $\frac{H6}{n5}$、$\frac{H7}{p6}$ 在基本尺寸小于或等于 3 mm 和 $\frac{H8}{r7}$ 在小于或等于 100 mm 时，为过渡配合。

② 标有“▲”的代号为优先配合。

表 2-3 优先和常用的基轴制配合

基准孔	孔																				
	A	B	C	D	E	F	G	H	JS	K	M	N	P	R	S	T	U	V	X	Y	Z
	间隙配合								过渡配合				过盈配合								
h5						$\frac{F6}{h5}$	$\frac{G6}{h5}$	$\frac{H6}{h5}$	$\frac{JS6}{h5}$	$\frac{K6}{h5}$	$\frac{M6}{h5}$	$\frac{N6}{h5}$	$\frac{P6}{h5}$	$\frac{R6}{h5}$	$\frac{S6}{h5}$	$\frac{T6}{h5}$					
h6						$\frac{F7}{h6}$	▲ $\frac{G7}{h6}$	▲ $\frac{H7}{h6}$	$\frac{JS7}{h6}$	▲ $\frac{K7}{h6}$	$\frac{M7}{h6}$	▲ $\frac{N7}{h6}$	▲ $\frac{P7}{h6}$	$\frac{R7}{h6}$	▲ $\frac{S7}{h6}$	$\frac{T7}{h6}$	▲ $\frac{U7}{h6}$				
h7					$\frac{E8}{h7}$	▲ $\frac{F8}{h7}$		▲ $\frac{H8}{h7}$	$\frac{JS8}{h7}$	$\frac{K8}{h7}$	$\frac{M8}{h7}$	$\frac{N8}{h7}$									
h8				$\frac{D8}{h8}$	$\frac{E8}{h8}$	$\frac{F8}{h8}$		$\frac{H8}{h8}$													
h9				▲ $\frac{D9}{h9}$	$\frac{E9}{h9}$	$\frac{F9}{h9}$		▲ $\frac{H9}{h9}$													
h10				$\frac{D10}{h10}$				$\frac{H10}{h10}$													
h11	$\frac{A11}{h11}$	$\frac{B11}{h11}$	▲ $\frac{C11}{h11}$	$\frac{D11}{h11}$				▲ $\frac{H11}{h11}$													
h12		$\frac{B12}{h12}$						$\frac{H12}{h12}$													

注：标有“▲”的代号为优先配合。

2.2.3　极限与配合在图样上的标注

孔和轴在零件图上主要有以下 3 种标注方法。

（1）在基本尺寸后面标注孔或轴的公差带代号，如 Φ65H7、Φ65k6。

（2）在基本尺寸后面标注孔或轴的上、下偏数值，如 $\Phi50^{+0.025}_{+0}$、$\Phi50^{-0.025}_{-0.041}$。

（3）在基本尺寸后面同时标注孔或轴的公差带代号与上、下偏差数值，如 Φ50H7（$^{0.025}_{+0}$）、Φ50f6（$^{-0.025}_{-0.041}$）。

2.2.4　线性尺寸的一般公差的含义

图样上未曾注出的尺寸称为未注公差尺寸。在车间一般加工条件下机床设备可保证的公差，它代表经济加工精度，主要用于较低精度的非配合尺寸；可不检验；能简化制图，节省图样设计时间。

2.3　形状与位置公差

零件在加工过程中，由于机床–夹具–刀具系统存在几何误差，以及加工中出现受力变形、热变形、振动和磨损等影响，使被加工零件的几何要素不可避免地产生误差。加工后的零件会有尺寸公差，因此造成零件几何特征的点、线、面的实际形状或相互位置与理想几何体规定的形状和相互位置存在差异，这种形状上的差异就是形状公差，而相互位置的差异就是位置公差，这些差异统称为形位公差。

形位公差包括形状公差与位置公差，而位置公差又包括定向公差和定位公差，具体包括的内容及公差表示符号见表 2–4。

表 2–4　常见形状公差与位置公差

分类	特征项目	符号	分类		特征项目	符号
形状公差	直线度	⏤	位置公差	定向	平行度	∥
	平面度	⏥			垂直度	⊥
	圆度	○			倾斜度	∠
	圆柱度	⌭		定位	同轴度	◎
	线轮廓度	⌒			对称度	⌯
					位置度	⌖
	面轮廓度	⌓		跳动	圆跳动度	↗
					全跳动度	⌰

2.3.1 形状公差

1. 直线度

直线度是指零件单一实际直线允许的变动全量，用于控制平面或空间直线的形状误差，其公差带根据不同的情况有几种不同的形式。图 2-10 为常见直线度的标注及说明。

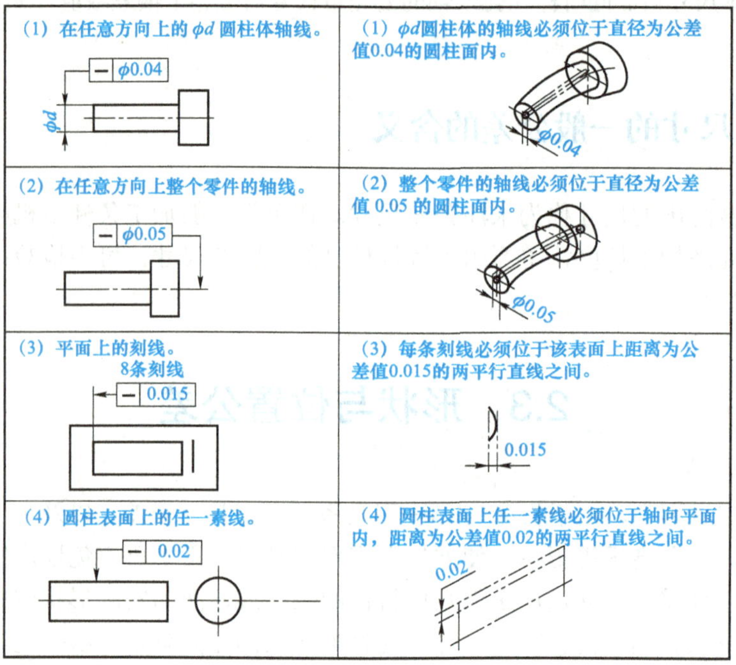

图 2-10 常见直线度的标注及说明

2. 平面度

平面度是指基片具有的宏观凹凸高度相对理想平面的偏差平面度，是限制实际平面对其理想平面变动量的一项指标，用来控制被测实际平面的形状误差。图 2-11 为常见平面度的标注及说明。

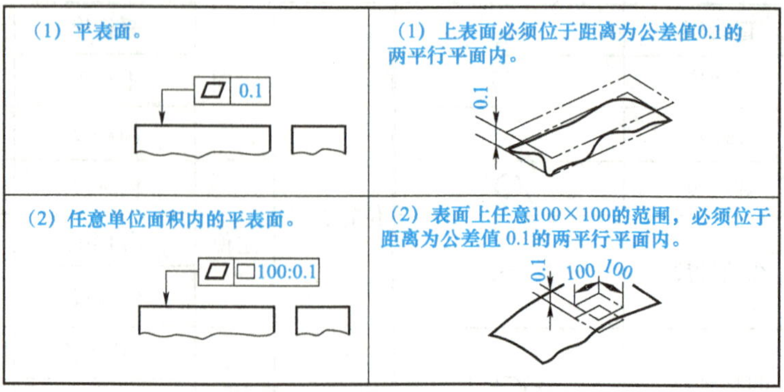

图 2-11 常见平面度的标注及说明

3. 圆度

圆度是限制实际变动量对理想变动量的一项指标，其公差带是以公差值为半径差的两同心圆之间的区域，圆度公差属于形状公差，圆度误差值不大于相的公差值。图 2–12 为常见圆度的标注及说明。

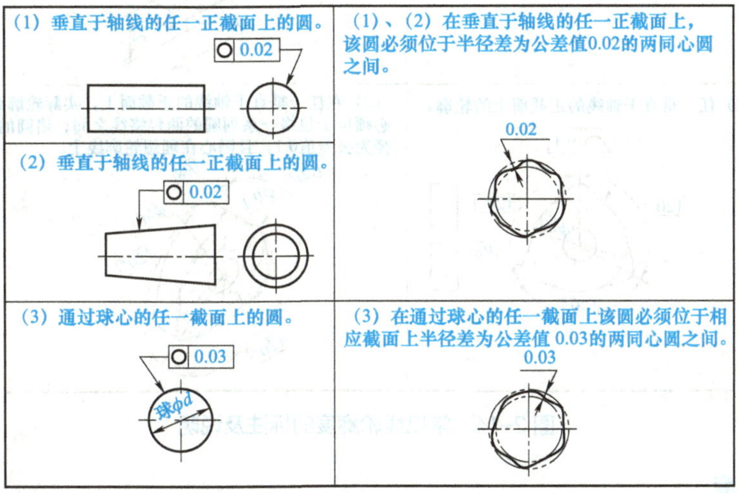

图 2–12　常见圆度的标注及说明

4. 圆柱度

圆柱度是指任一垂直截面最大尺寸与最小尺寸之差，圆柱度误差包含轴向截面和径向截面两个方面的误差，其公差带是两同轴圆柱面间的区域，该两同轴圆柱面间的径向距离即为公差值。图 2–13 为常见圆柱度的标注及说明。

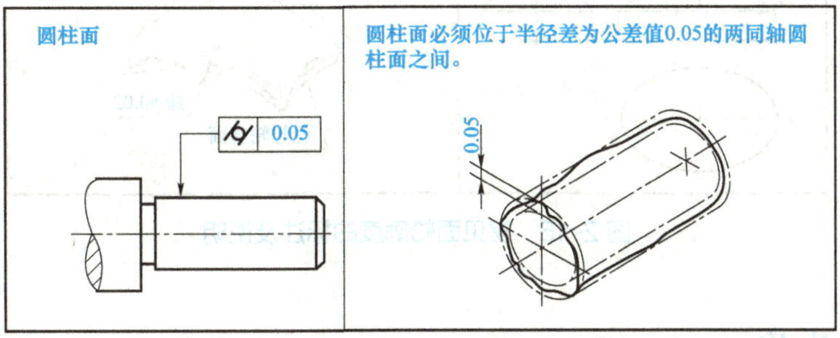

图 2–13　常见圆柱度的标注及说明

5. 线轮廓度

线轮廓度是对曲线形状的要求，是限制实际曲线对理想曲线变动量的一项指标，其公差带是包络一系列直径为公差值的圆的两包络线之间的区域，其中诸圆的圆心位于具有理论正确几何形状的线上。图 2–14 为常见线轮廓度的标注及说明。

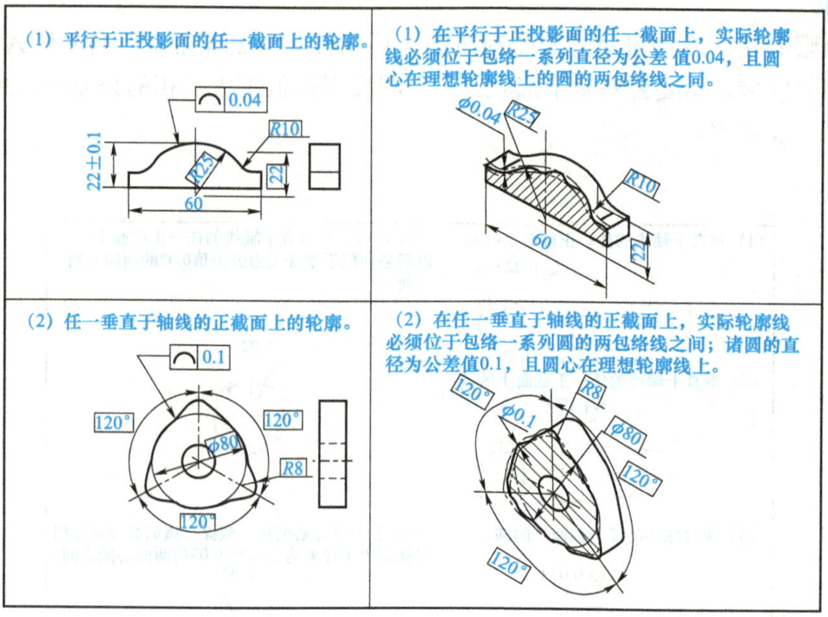

图 2-14　常见线轮廓度的标注及说明

6. 面轮廓度

面轮廓度是描述曲面尺寸准确度的主要指标，它是指被测实际轮相对于理想轮的变动情况。图 2-15 为常见面轮廓度的标注及说明。

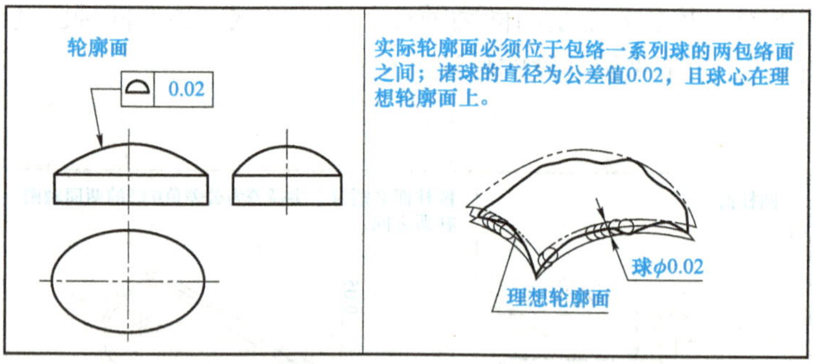

图 2-15　常见面轮廓度的标注及说明

2.3.2　位置公差

1. 平行度

平行度指两平面或者两直线平行的程度，指一平面（边）相对于另一平面（边）平行的误差最大允许值。平行度评价直线之间、平面之间或直线与平面之间的平行状态，其中一个直线或平面是评价基准，而直线可以是被测样品的直线部分或直线运动轨迹，平面可以是被测样品的平面部分或运动轨迹形成的平面。图 2-16 为常见平行度的标注及说明。

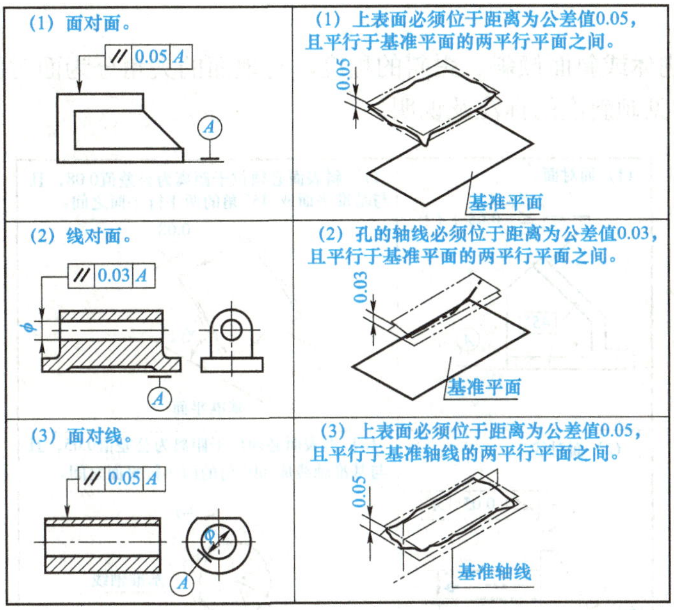

图 2-16　常见平行度的标注及说明

2. 垂直度

垂直度是被测要素与基准要素夹角为 90° 的公差要求，按照被测要素与基准要素的特征来分，垂直度评价直线之间、平面之间或直线与平面之间的垂直状态。图 2-17 为常见垂直度的标注及说明。

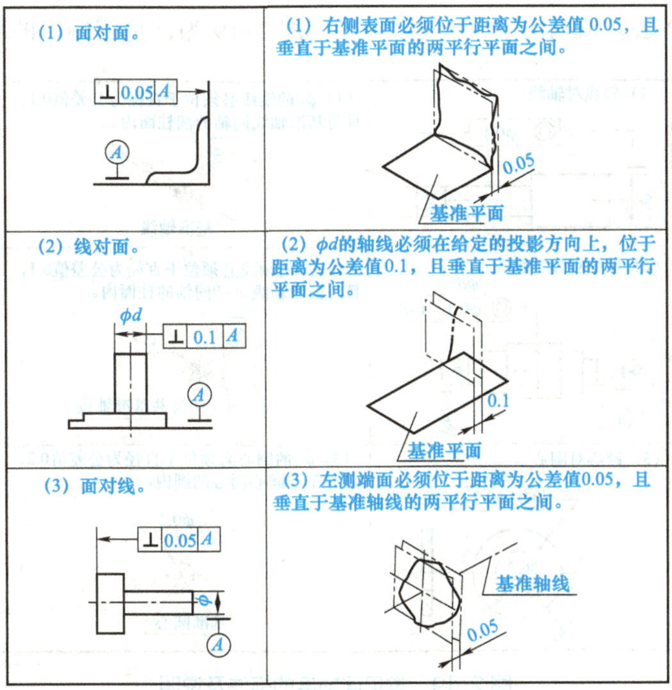

图 2-17　常见垂直度的标注及说明

3. 倾斜度

倾斜度是指物体或斜面倾斜、歪斜的程度，与地面的夹角分为面对面和面对线两种形式。图 2–18 为常见倾斜度的标注及说明。

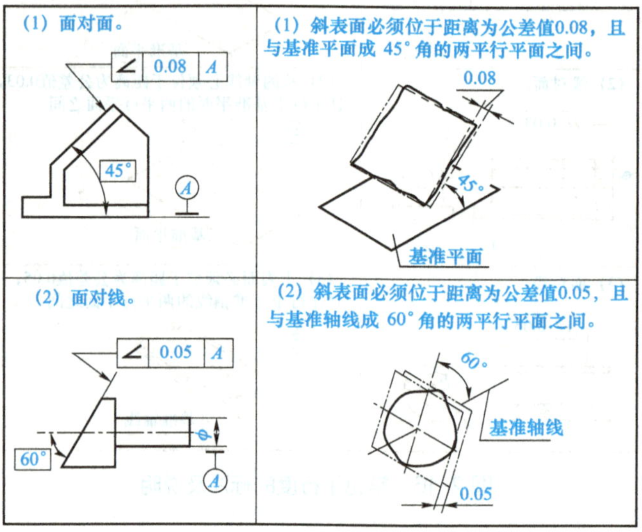

图 2–18　常见倾斜度的标注及说明

4. 同轴度

同轴度就是定位公差，理论正确位置即为基准轴线，由于被测轴线对基准轴线的不同点可能在空间各个方向上出现，故其公差带为一以基准轴线为轴线的圆柱体，公差值为该圆柱体的直径，在公差值前应加注符号“ ϕ”。图 2–19 为常见同轴度的标注及说明。

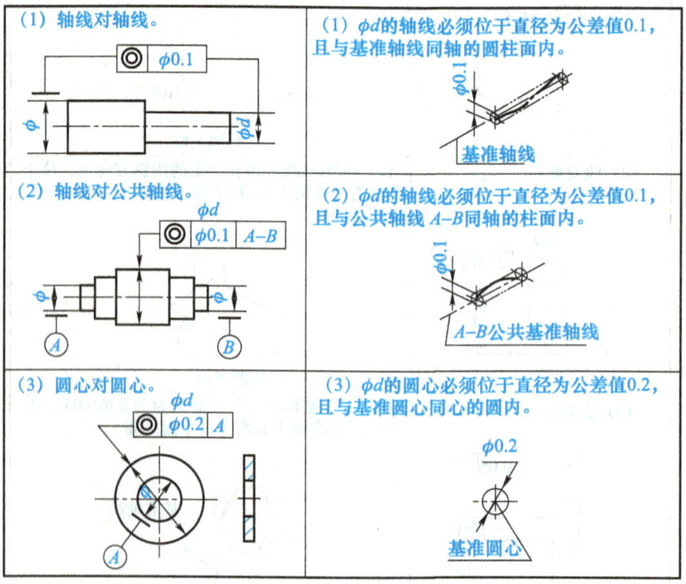

图 2–19　常见同轴度的标注及说明

5. 对称度

对称度是限制被测线、面偏基准直线、平面的一项指标，其公差带是距离为公差值 t 且相对基准中心平面（或中心线、轴线）对称配置的两平行平面或直线之间的区域。图 2–20 为常见对称度的标注及说明。

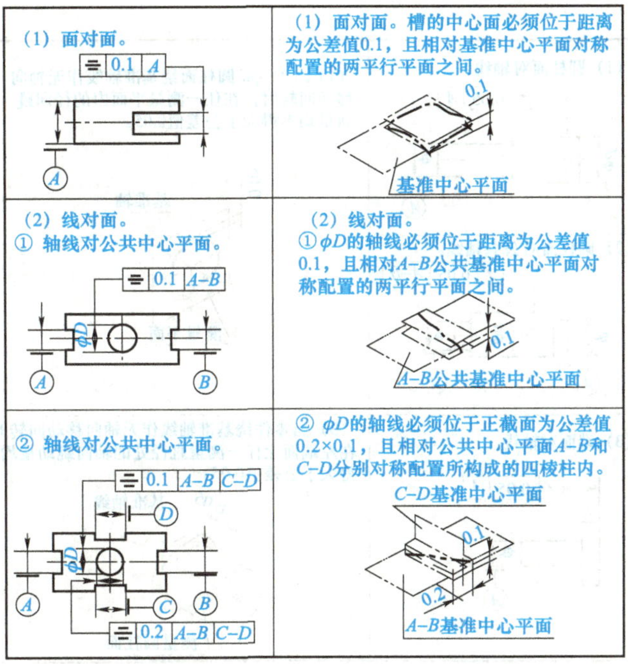

图 2–20　常见对称度的标注及说明

6. 位置度

位置度是一个形体的轴线或中心平面允许自身位置变动的范围，即一个形体的轴线或中心平面的实际位置允许变动范围，是限制被测要素的实际位置对理想位置变动量的指标，图 2–21 为常见位置度的标注及说明。

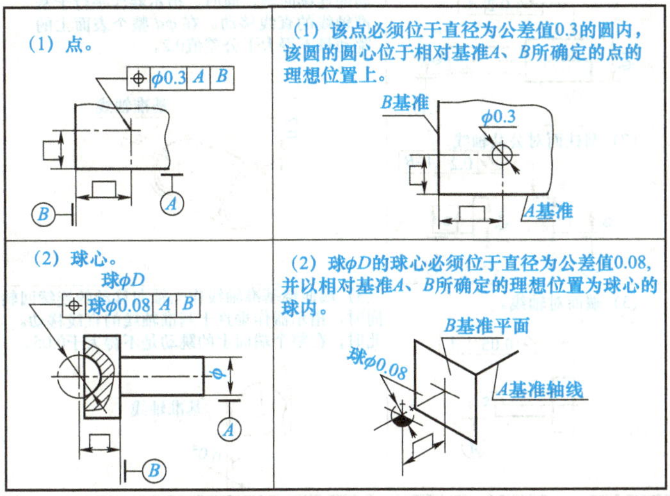

图 2–21　常见位置度的标注及说明

7. 圆跳动度

圆跳动度是指被测要素绕基准轴线回转一周时，由位置固定的指示器在给定方向上测得的最大与最小读数之差。圆跳动度是被测要素在某一固定参考点绕基准轴线旋转一周（零件和测量仪器件无轴向位移）时，指示器值所允许的最大变动量，图 2–22 为常见圆跳动度的标注及说明。

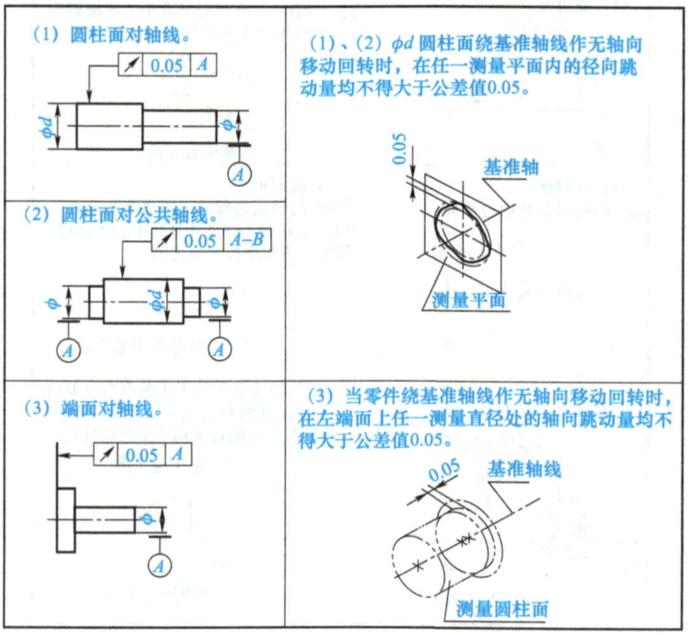

图 2–22　常见圆跳动度的标注及说明

8. 全跳动度

全跳动度是关联实际被测要素对理想回转面的允许变动量，分为径向全跳动度、轴向（端面）全跳动度和斜向全跳动度。图 2–23 为常见全跳动度的标注及说明。

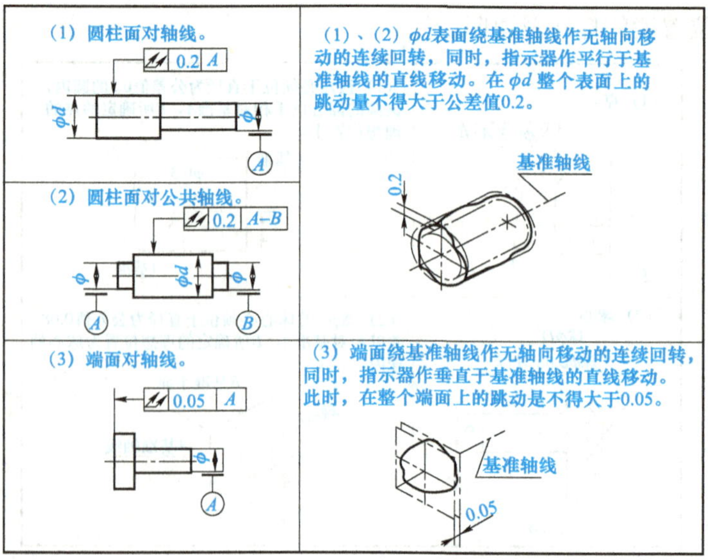

图 2–23　常见全跳动度的标注及说明

2.4　表面粗糙度

表面粗糙度是衡量零件表面粗糙程度的参数，它反映的是零件表面微观的几何形状误差，必须借助放大镜等进行测量，如图 2–24 所示。它是由零件加工过程中刀具与加工表面之间的摩擦、挤压及加工时的高频振动等方面的原因造成的。表面粗糙度对零件的工作精度、耐磨性、密封性、耐蚀性及零件之间的配合都有着直接的影响。

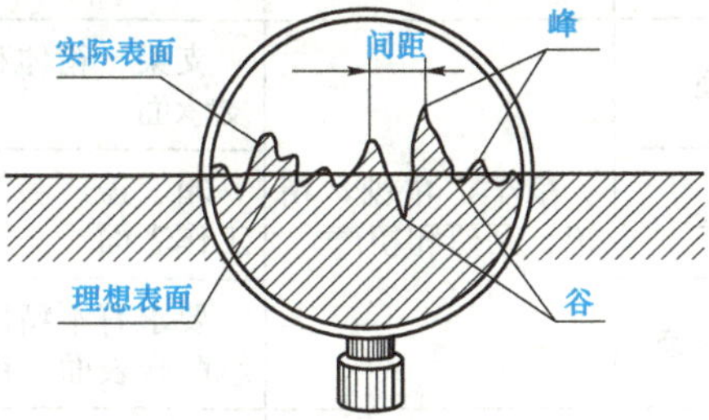

图 2–24　表面粗糙度

表面粗糙度的评定常用轮廓算术平均偏差 *Ra*、轮廓最大高度 *Ry*、微观不平度十点高度 *Rz* 三个参数表示。数值越小，零件的表面越光滑，数值越大，零件的表面越粗糙。本书只介绍轮廓算术平均偏差 *Ra*。

2.4.1　轮廓算术平均偏差

取样长度是指具有表面粗糙度几何特征的一段长度，在取样长度内应该具有几个波峰和波谷。测量时可选 5 倍的取样长度作为测量长度进行测量。

Ra 是指在取样长度内，轮廓偏距绝对值的算术平均值，如图 2–25 所示。

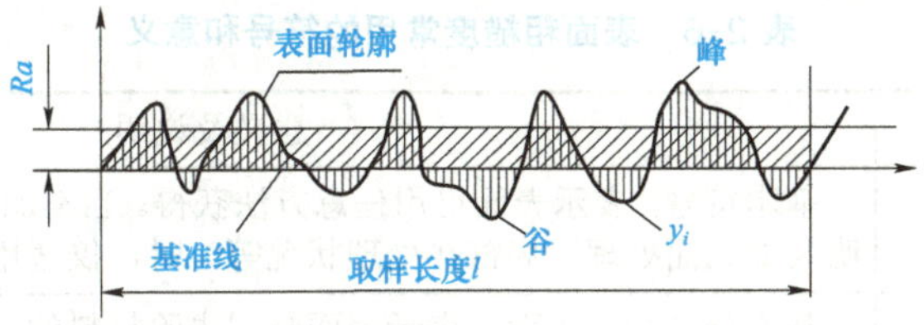

轮廓算术平均偏差 *Ra* 的数值　$Ra = \frac{1}{l}\int_0^l |y(x)|\mathrm{d}x$

或近似表达　$Ra = \frac{1}{n}\sum_{i=1}^{n}|y_i|$

图 2–25　轮廓算术平均偏差

关于表面粗糙度的数值和表面特征、获得方法、应用举例见表 2–5，从表中也可以看出，表面粗糙度参数的数值基本上成倍数的关系。标注时应当选用这些数值，不能选用其他数值。

表 2-5　表面粗糙度的数值和表面特征、获得方法、应用举例

表面粗糙度 Ra	表面粗糙度 名称	表面外观情况	获得方法举例	应用举例
	毛面	除净毛口	铸、锻、轧制等经清理的表面	如机床床身、主轴箱、板箱、尾架体等未加工表面
50	粗面	明显可见刀痕	毛坯经粗车、粗刨、粗铁等加工方法所获得的表面	一般的钻孔、倒角，没有要求的自由表面
25		可见刀痕		
12.5		微见刀痕		
6.3	半光面	可见加工痕迹	精车、精刨、精铣、刮研和粗磨	支架、箱体和盖等的非配合表面，一般螺栓支承面
3.2		微见加工痕迹		箱、盖、套筒要求紧贴的表面，键和键槽的工作表面
1.6		看不见加工痕迹		要求有不精确定心及配合特性的表面，如轴承配合表面、锥孔等
0.8	光面	可辨加工痕迹方向	金刚石车刀精车、精铰、拉刀和压刀加工、精磨、珩磨、研磨、抛光	要求保证定心及配合特性的表面，如支承孔、衬套、胶带轮工作面
0.4		微辨加工痕迹方向		要求能长期保证规定的配合特性的、公差等级为 7 级的孔和 6 级的轴
0.2		不可辨加工痕迹方向		主轴的定位锥孔，d<20mm 淬火的精确轴的配合表面

2.4.2　表面粗糙度的代号及意义

表面粗糙度的代号包括基本符号、表面粗糙度评定参数及数值。常用评定参数是 *Ra*，表 2-6 为表面粗糙度常用的符号和意义。

表 2-6　表面粗糙度常用的符号和意义

符号	意义及说明
	基本符号，表示表面可用任意方法获得。当不加注粗糙度参数值或有关说明（如表面处理、局部热处理状况等）时，仅适用于简化代号标注
	基本符号加一短面，表示表面是用去除材料的方法获得。如车、铣，钻、磨，剪切，抛光，腐蚀，电火花加工，气割等
	基本符号加一小圆，表示表面是用不去除材料的方法获得。如铸、锻、冲压变形，热轧，冷轧，粉末冶金等。或者是用于保持原供应状况的表面（包括保持上道工序的状况）
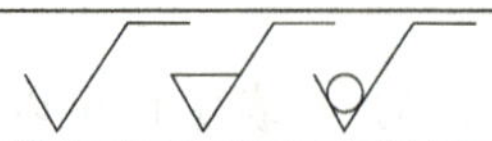	在上述三个符号的长边上均可加一横线，用于标注有关参数和说明
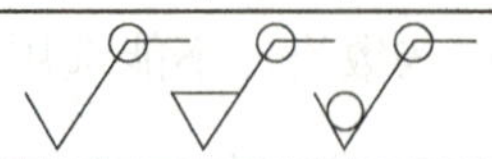	在上述三个带横线符号上均可加一小圆，表示所有表面具有相同的表面粗糙度要求

2.4.3　标注原则

（1）在同一图样上每一表面只标注一次表面粗糙度，其代号应标注在可见轮廓线尺寸界线、引出线或它们的延长线上，并尽可能靠近有关尺寸线。

（2）当零件的大部分表面具有相同的表面粗糙度要求时，对其中使用最多的一种代（符）号，可统一标注在图纸的右上角，并加注“其余”二字。

（3）在不同方向的表面上标注时，代号中的数字及符号的方向必须按规定进行标注。

（4）代号中数字的方向应与尺寸数字的方向一致。

（5）符号的尖端必须从材料外指向表面。

（6）对于齿轮、蜗轮齿面的表面粗糙度，应标注在表示分度圆的点画线上。如果图形中的位置有限，表面粗糙度也可以引出标注或标注在尺寸线的延长线上。

（7）如果两个表面的粗糙度要求相同，也可以一个符号使用两个指引线。

（8）表面粗糙度的数值与尺寸公差具有一定的关系，一般标注尺寸公差、形位公差的表面，要求的表面粗糙度数值较低，用于定位的较重要的平面一般选择 6.3 或 3.2，有配合要求的圆柱面一般选择 1.6 或 3.2，重要的定位圆柱面可以选择 0.8 或 0.4，具体选择时，应根据零件的工作情况而定，相对运动的表面粗糙度数值应低于非运动表面。

常见的表面粗糙度的标注方法如图 2–26 所示。

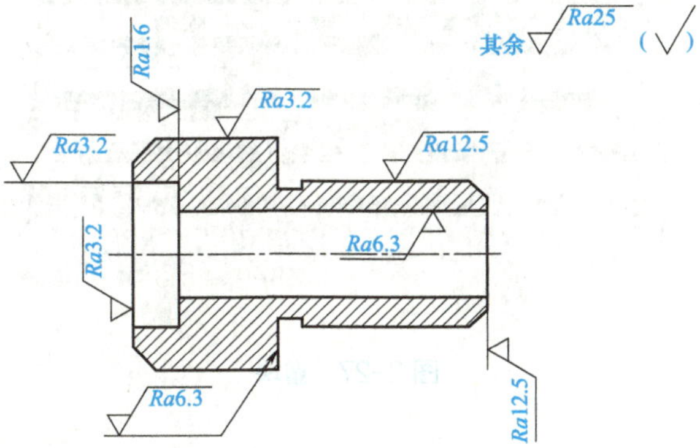

图 2–26　表面粗糙度的标注

2.5　技术测量基础

技术测量是研究如何对零件的几何参数进行测量和检验的一门技术。

2.5.1　测量的一般概念

测量：将被测量与具有计量单位的标准值进行比较，确定其比值的过程。

检验：确定被测量是否在规定的验收极限范围之内，以便作出零件是否合格的判断，但不一定要确定其量值。

测量的目的：使零件具有互换性或达到规定的精度和配合要求。

基本要求：保证零件精度，防止废品、次品出厂。

内容：长度、角度、几何形状、表面相互位置、表面粗糙度。

测量过程的四要素：

（1）被测对象：尺寸、形状和位置公差；

（2）计量单位：mm 或 μm；

（3）测量方法：测量原理、测量器具和测量条件（环境和操作者）的总和；

（4）测量精度：测得值与真值的一致程度。

2.5.2 测量器具

1. 测量器具的分类

（1）量具：指用来测量或检验零件尺寸的器具，如量块（见图 2-27）、卡尺（见图 2-28）、千分尺等。

图 2-27 量块

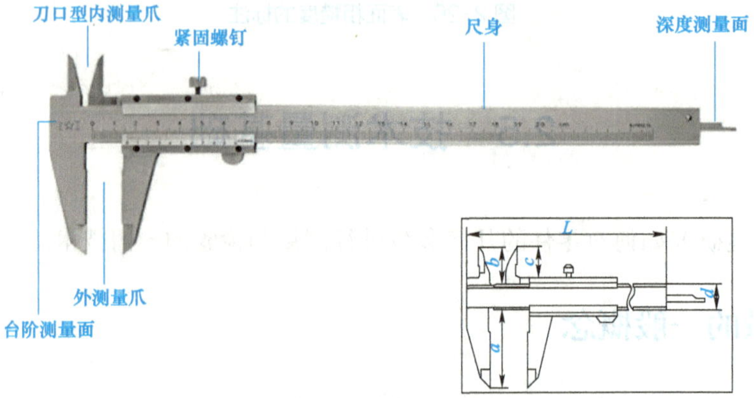

图 2-28 卡尺

（2）量规：是没有刻度的专用测量器具，用来检验零件尺寸和形位误差的综合结果，从而判断零件被测量的几何量是否合格，图 2–29 为螺纹规。

（3）量仪：用来测量零件或检定量具的仪器，图 2–30 为合像水平仪。

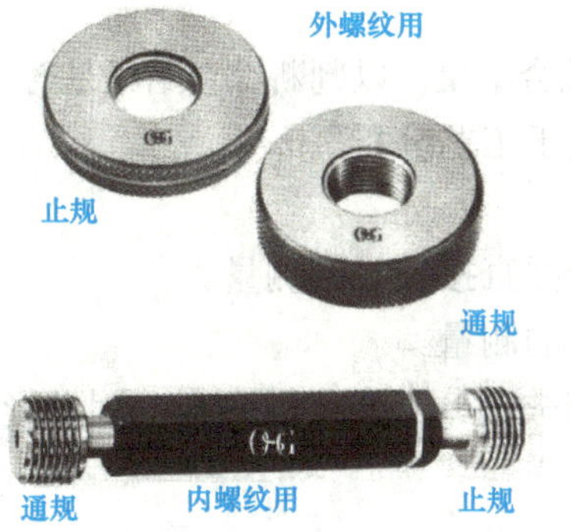

图 2–29　螺纹规

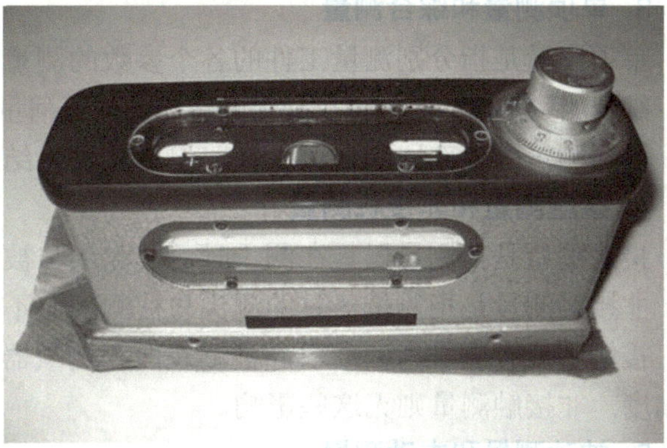

图 2–30　合像水平仪

（4）测量装置：指为确定被测量所必需的测量器具和辅助设备的总称。

2. 测量器具的主要技术指标

（1）分度间距：是指测量器具的刻度尺或度盘上相邻两刻线中心之间的距离。

（2）分度值（刻度值）：是指在测量器具的标尺或度盘上，相邻两刻线间所代表被测量的量值。

（3）示值范围：是指测量器具所显示或指示的最小值到最大值的范围。

（4）测量范围：是指测量器具所能测量零件的最小值到最大值的范围。

（5）示值误差：是指测量器具上的示值与被测量真值的代数差。

（6）示值变动：是指在测量件不变的情况下，用测量器具对被测量测量多次（一般 5～10 次）所得示值中的最大差值。

（7）灵敏度：是指测量器具对被测量变化的反应能力。

（8）回程误差（滞后误差）：是指在相同条件下，对同一被测量进行往返两个方向测量时，测量器具示值的最大变动量。

（9）测量力：是指测量器具的测头与被测表面之间的接触力。

（10）不确定度：是指由于测量误差的存在而对被测量值不能肯定的程度。

2.5.3　测量方法的分类

1. 直接测量和间接测量

直接测量是指直接从测量器具获得被测量的量值的测量方法。

间接测量是指测量与被测量有一定函数关系的量，然后通过函数关系算出被测量的测量方法。

为减少测量误差，一般都采用直接测量，必要时才采用间接测量。

2. 绝对测量和相对测量

绝对测量是指被测量的全值从测量器具的读数装置直接读出。

相对测量是指测量器具的示值仅表示被测量对已知标准量的偏差，而被测量的量值为测量器具的示值与标准量的代数和。

3. 单项测量和综合测量

单项测量是指分别测量工件的各个参数的测量。

综合测量是指同时测量工件上某些相关的几何量的综合结果，以判断综合结果是否合格。

单项测量的效率比综合测量低，但单项测量结果便于工艺分析。

4. 接触测量和非接触测量

接触测量是指测量器具在测量时，其测头与被测表面直接接触的测量。

非接触测量是指测量器具的测头与被测表面不接触的测量。

接触测量有测量力，会引起被测表面和测量器具有关部分产生弹性变形，因而影响测量精度，非接触测量则无这些影响。

5. 被动测量和主动测量

主动（在线）测量是指在加工过程中对工件的测量。其测量结果用来控制工件的加工过程，决定是否需要继续加工或调整机床，可及时防止废品的产生。

被动（离线）测量是指在加工后对工件进行的测量。它主要用来发现并剔除废品。

2.5.4 测量误差

1. 测量误差的含义

任何测量过程，由于受到测量器具和测量条件的影响，不可避免地会产生测量误差。所谓测量误差 δ，是指测得值 x 与真值 Q 之差，即

$$\delta=x-Q$$

由此式所表达的测量误差，反映了测得值偏离真值的程度。

2. 测量误差的来源

1）测量器具误差

测量器具误差是指测量器具本身在设计、制造和使用过程中造成的各项误差。

2）测量方法误差

测量方法误差是指由测量方法不完善所引起的误差。包括由计算公式不准确、测量方法选择不当、测量基准不统一、工件安装不合理及测量力等引起的误差。

3）测量环境误差

测量环境误差是指由测量时的环境条件不符合标准条件所引起的误差。环境条件是指湿度、温度、振动、气压和灰尘等。其中，温度对测量结果的影响最大。

4）人员误差

人员误差是指由测量人员的主观因素（如技术熟练程度、分辨能力、思想情绪等）引起的误差，如测量人员眼睛的最小分辨能力和调整能力、量值估读错误等。

第3章 机器人典型手部结构设计

3.1 概述

机器人的手部是指安装于机器人手臂末端，直接用于工作对象的装置。工业机器人所要完成的各种操作，最终都必须通过手部得以实现。根据手部使用场合和被夹持工件的形状、尺寸、重量、材质及被抓取部位等的不同，可设计成各种类型的手部结构。

进行机器人手部设计时，由于机构和掌握系统方面的限制，很难设计出像人手一样的通用装置；同时对于多数工作现场，对机器人的工作要求是有限的，因此机器人手部的设计主要是针对一定的工作对象来进行。

依据手部的结构和在工作中完成的功能，常见的工业机器人手部一般分为三大类：

机械手部（机械手爪）——两指至三指、变形指等；

特别手部（特别末端）——吸盘、喷枪、焊枪等；

通用手部（近似人手）——两指至五指。

进行机器人手部设计时，应该考虑以下几个问题。

（1）考虑被抓取对象的要求。应根据抓取工件的形状、抓取部位、抓取数量的不同，来设计和确定手部的基本形式。

（2）具有足够的夹持力。在确定手部的夹持力时，除了应考虑工件的重量，还应考虑在传送和操作过程中所产生的惯性力和振动，以保证工件不致产生松动或脱落。

（3）保证工件的准确定位。为了使手部和被夹持工件保持准确的相对位置，必须根据被抓取工件的形状，选择合适的手部形状，例如，圆柱形工件采用带V形面的手指，以便自动定心。

（4）具有足够的强度和刚度。手部除了受到被夹持工件的反作用力，还受到机械手在运动过程中所产生的惯性力和振动的影响，要求具有足够的强度和刚度以防折断或弯曲变形，但同时应尽量使结构简单紧凑，自重轻。

3.2 码垛用托铲式机器人抓手设计

3.2.1 抓手的用途和基本要求

1. 抓手的用途

托铲式机器人抓手主要用于抓取生产流水线上的纸箱，并且将纸箱按照码垛形式要求进行有规则的码垛。

2. 抓手的基本要求

1）码垛垛形分析

生产线现场产能大，纸箱数量较多，单线产能为 12.7 箱/min，且要求码垛后纸箱之间无间隙，码垛每相邻两层之间垛形排列方式如图 3–1 所示*。

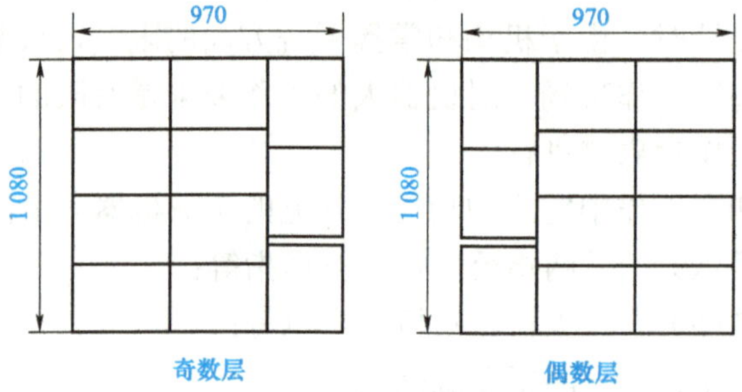

图 3–1 码垛垛形

2）基本要求

（1）前端物料为 2 条线，单线产能为 12.7 箱/min。

（2）纸箱规格为 350 mm × 270 mm × 120 mm，纸箱质量约为 5 kg。

（3）托盘大小为 1 200 mm × 1 000 mm × 150 mm，其中 1 200 mm 方向为进叉方向。

（4）垛形要求：每层 11 箱，共 10 层。

3.2.2 抓手形式确定及抓手介绍

1. 确定抓手形式及码垛布置方案

1）选取半层托铲式机器人抓手

根据码垛垛形要求、叉取方式和对机器人抓手的要求，选取半层托铲式机器人抓手（见图 3–2）进行抓取完成码垛作业。

*：本书尺寸标注的单位默认为 mm。

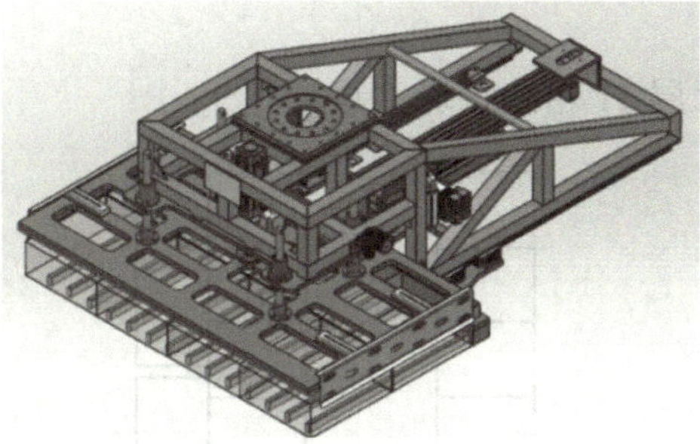

图 3-2　半层托铲式机器人抓手

2）确定布置方案

（1）先通过纸箱规整机规整出需要的垛形，再由半层托铲式机器人抓手送至码垛位码垛，布置方案如图 3-3 所示。

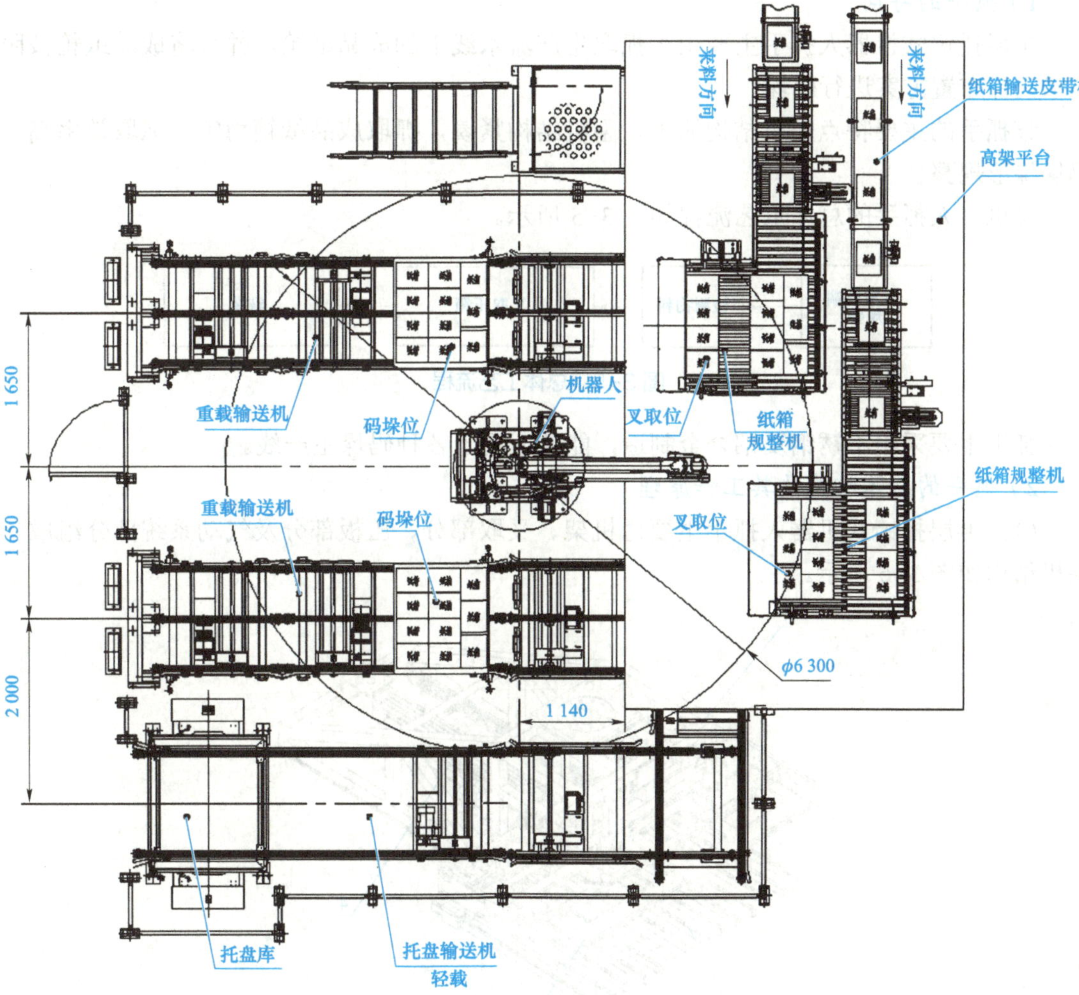

图 3-3　布置方案图

（2）采用半层抓手进行抓取，两次抓取完成一层码垛纸箱的叉取和码放。

（3）第一次叉取 4 箱，第二次叉取 7 箱，交替进行，平均每次叉取 5.5 箱，如图 3-4

所示。

（4）码垛共 10 层，每层 11 箱，每垛 110 箱。

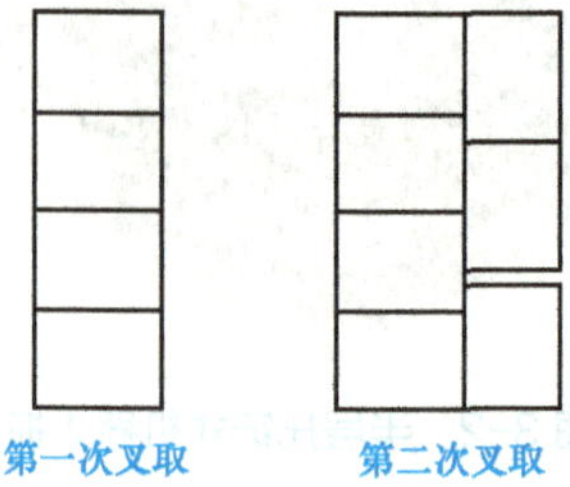

图 3-4　叉取示意图

2. 半层托铲式机器人抓手介绍

1）抓手的特点

半层托铲式机器人抓手主要用于抓取生产流水线上的成品纸箱，并且将成品纸箱按照需求码垛布置方案进行码垛。

该抓手的主要特点是：结构简单，整机结构紧凑，抓取成品纸箱稳定，抓取效率高，码垛垛形规整。

该机器人抓手的总体工艺流程如图 3-5 所示。

图 3-5　总体工艺流程

抓手主要采用不锈钢及铝合金制造，能够适用于各种码垛生产线。

2）抓手的总体结构及其工作原理

（1）半层托铲式机器人抓手主要由机架、叉取部分、压板部分及气动系统部分组成。整机结构如图 3-6 所示。

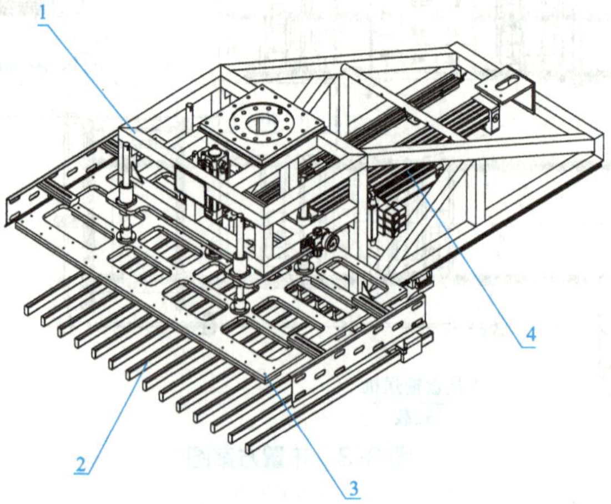

1—机架；2—叉取部分；3—压板部分；4—气动系统部分。

图 3-6　半层托铲式机器人抓手结构图

（2）机架：机架作为整个机器人抓手结构支撑与连接的本体，上方连接机器人法兰，中部贯穿着气动系统部分，下方安装叉取部分和压板部分，如图 3-7 所示。

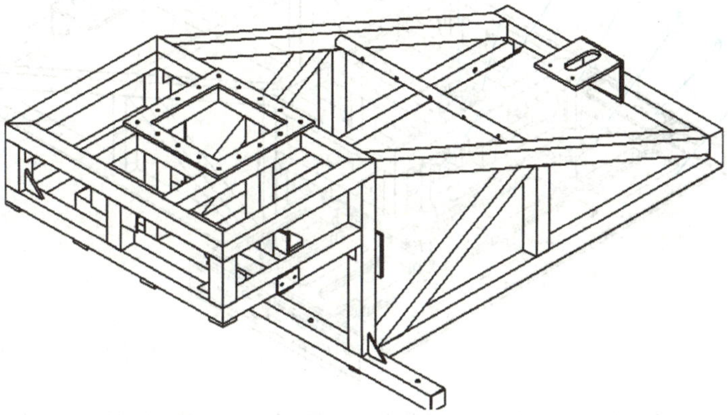

图 3-7　机架

（3）叉取部分：该部分主要由无杆气缸、标准气缸、直线滑轨、基板、手指安装板及手指组成。无杆气缸和标准气缸驱动基板在直线滑轨上运动，从而实现手指的叉取动作，如图 3-8 所示。

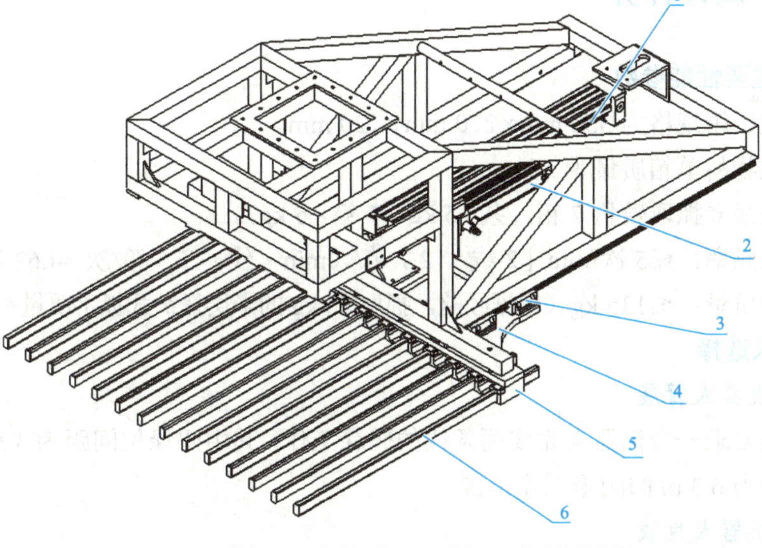

1—无杆气缸；2—标准气缸；3—直线滑轨；4—基板；5—手指安装板；6—手指。

图 3-8　叉取部分

（4）压板部分：该部分主要由压箱气缸、气缸导轴、压箱气缸安装座、导向轴、压箱气缸板、夹板和压板组成。压板在压箱气缸的驱动下，沿导向轴上下运动，如图 3-9 所示。

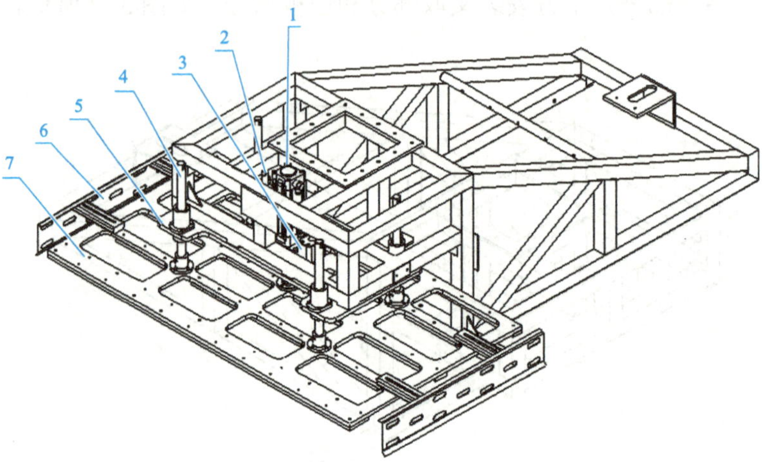

1—压箱气缸；2—气缸导轴；3—压箱气缸安装座；4—导向轴；5—压箱气缸板；6—夹板；7—压板。

图 3-9 压板部分

（5）气动系统部分：该部分由整个机器人抓手中的气缸及气动控制汇集一起，形成气动系统。调整气路压力的调压阀和控制气缸的换向阀安装在抓手上，这样可以缩短换向阀与工作气缸的距离，减少工作气缸的反应时间。

3.2.3 抓手设计计算

1. 抓手主要性能参数

（1）抓取纸箱规格为 350 mm×270 mm×120 mm。

（2）抓取物料单箱质量为 5 kg。

（3）单次最多抓取数量 7 箱，共 35 kg（7 箱×5 kg）。

（4）抓取频率：≤5 次/min [2 线×12.7 箱/（min • 线）/5.5 箱/次=4.62 次/min]。

（5）抓手质量：≤135 kg（根据经验，抓取 35 kg 的半层托铲式抓手质量不大于 135 kg）。

2. 机器人选择

1）确定机器人臂展

假设现场要求一台机器人完成两条线的码垛工作，其中码垛位间距为 3.3 m；通过计算需要一个直径为 6.3 m 的圆形工作范围。

2）计算机器人负载

（1）机器人抓手最多一次叉取 7 箱，单箱 5 kg，共 35 kg。

（2）机器人抓手自身质量为 135 kg。

（3）机器人需要承受总质量为：135+35=170（kg）。

3）确定机器人型号

根据上述参数选择 IRB660-250/3.15 机器人，该机器人的工作范围如图 3-10 所示。

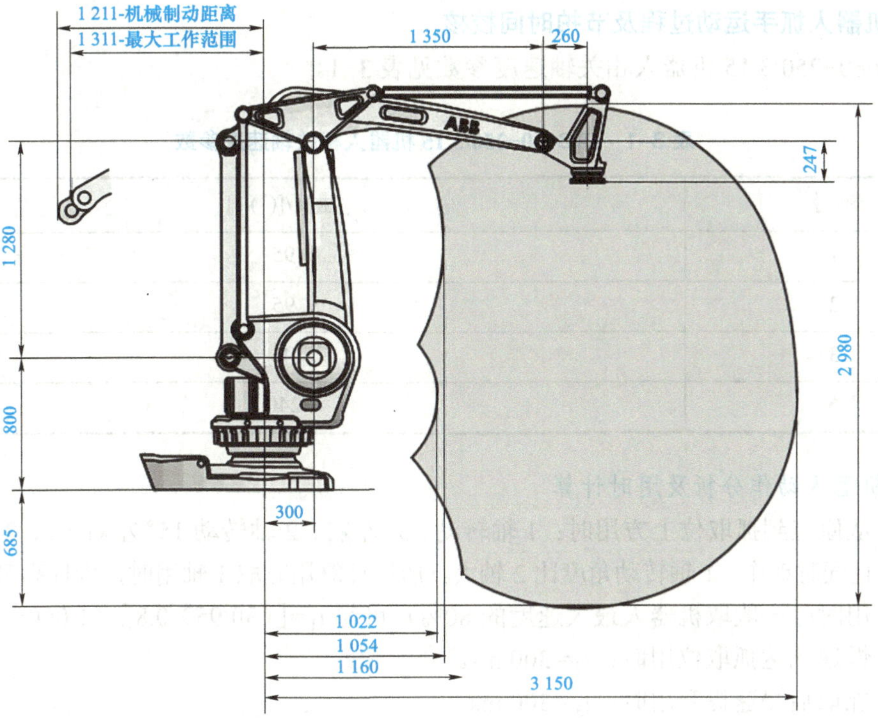

负载：250 kg；臂展：3.15 m；轴数：4

图 3-10　机器人的工作范围

机器人摆放位置：在方案图中，机器人摆放在两条重载输送机的中轴线上、距离高架平台 1 140 mm 的位置，如图 3-11 所示。

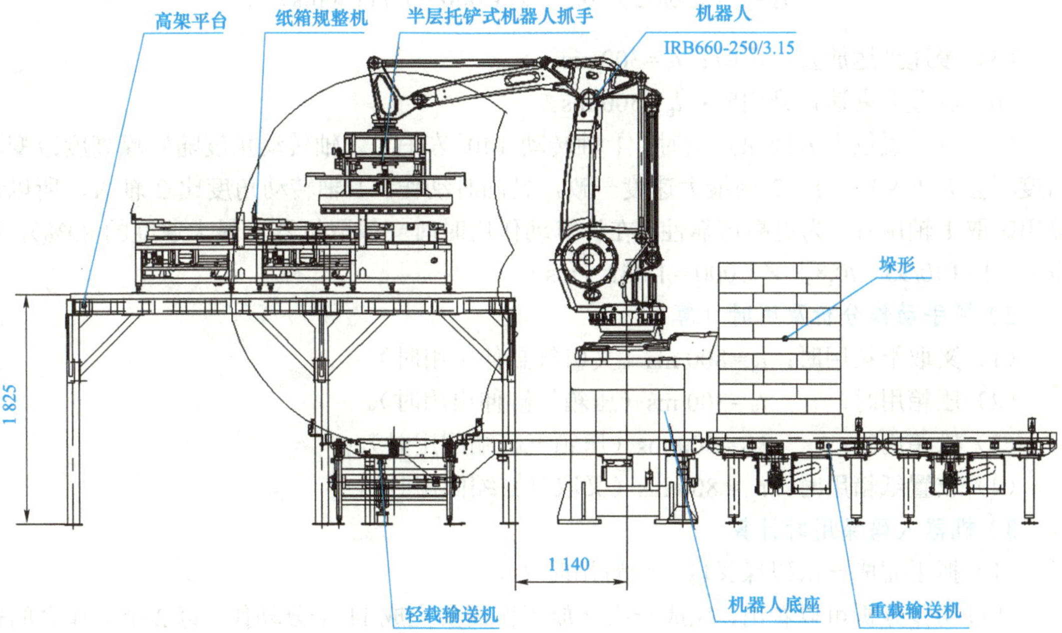

图 3-11　机器人位置摆放立面图

3. 机器人抓手运动过程及节拍时间校核

IRB660-250/3.15 机器人相关轴速度参数见表 3-1。

表 3-1 IRB660-250/3.15 机器人相关轴速度参数

轴号	速度/[(°)/s]
1	95
2	95
3	95
6	240

1）机器人动作分析及用时计算

（1）从原点到抓取位上方用时：1 轴转动 30° 左右、2 轴转动 15° 左右（1、2 轴最大速度一致，且同时动作，1 轴转动角度比 2 轴大，所以计算用时取 1 轴用时，为提高可靠性，在计算动作用时时一般取机器人最大速度的 80%），可得 t_1=[(30/95)/0.8]×1 000=395(ms)。

（2）慢速到达抓取位用时：t_2=300 ms。

（3）抓取后慢速提升用时：t_3=300 ms。

（4）从抓取位上方到码垛位上方用时：1 轴转动 130° 左右、2 轴转动角度随码垛高度改变，角度不会大于 90°（1、2 轴最大速度一致，且同时动作，1 轴转动角度比 2 轴大，所以计算用时取 1 轴用时，为提高可靠性，在计算动作用时时一般取机器人最大速度的 80%），可得

$$t_4=[(130/95)/0.8]\times 1\,000=1\,711\ (\text{ms})$$

（5）慢速到达放置位用时：t_5=300 ms。

（6）放置后慢速提升用时：t_6=300 ms。

（7）从放置位上方回原点用时：1 轴转动 140° 左右、2 轴转动角度随码垛高度改变，角度不会大于 90°（1、2 轴最大速度一致，且同时动作，1 轴转动角度比 2 轴大，所以计算用时取 1 轴用时，为提高可靠性，在计算动作用时时一般取机器人最大速度的 80%），可得 t_7= [(140/95）/0.8] ×1 000 =1 842（ms）。

2）抓手动作分析及用时计算

（1）叉取纸箱用时：t_8=800 ms（叉取气缸伸出用时）。

（2）压箱用时：t_9=300 ms（压箱气缸伸出用时）。

（3）松箱用时：t_{10}=300 ms（压箱气缸缩回用时）。

（4）放置纸箱用时：t_{11}=800 ms（叉取气缸缩回用时）。

3）机器人码垛用时计算

（1）抓手完成一次码垛叉取、放置用时 T_1。

通过动作分析可以看出，完成一次叉放工作需要完成 11 个分动作，每 2 个动作之间需等待 200 ms，则 11 个动作需要等待时间 T_{d1}=11×200=2 200（ms）。则

$$T_1 = t_1 + t_2 + t_3 + t_4 + t_5 + t_6 + t_7 + t_8 + t_9 + t_{10} + t_{11} + T_{d1}$$
$$= 395+300+300+1\,711+300+300+1\,842+800+300+300+800+2\,200$$
$$= 9\,548\ (\mathrm{ms})$$

即 T_1=9.55 s。

（2）抓手完成一层码垛用时 T_c。

从码垛垛形方案可以看出，码垛一层需要完成 2 次叉放，抓手完成一层码垛用时 T_c 为

$$T_c = 2T_1 = 2\times 9.55 = 19.1\ (\mathrm{s})$$

（3）抓手完成一垛码垛用时 T_d。

从码垛垛形方案可以看出，码垛一层需要完成 2 次叉放，一垛 10 层，抓手完成一垛码垛用时 T_d 为

$$T_d = 20T_1 = 20\times 9.55 = 191\ (\mathrm{s})$$

4）生产线节拍时间计算

（1）生产线产能：单线，12.7 大箱/min，两条线，12.7×2=25.4（箱/min）。

（2）生产线生产 11 箱（一层码垛数量）用时 T'_{c1}：T'_{c1}=（11/25.4）×60=26（s）。

（3）生产线生产 110 箱（一垛盘数量）用时 T'_{d1}：T'_{d1}=（110/25.4）×60=260（s）。

5）机器人抓手码垛节拍时间校核

（1）抓手完成一层码垛用时 T_c 校核。

T_c=19.1 s<T'_{c1}=26 s，机器人抓手满足生产线产能要求。

（2）抓手完成一垛码垛用时 T_d 校核。

T_d=191 s<T'_{d1}=260 s，机器人抓手满足生产线产能要求。

4. 机器人载荷校核

从图 3-12、图 3-13 中可以看出，机器人的手腕法兰面距物料重心位置距离是 398 mm；无纸箱时，重心向一侧偏移 200 mm。

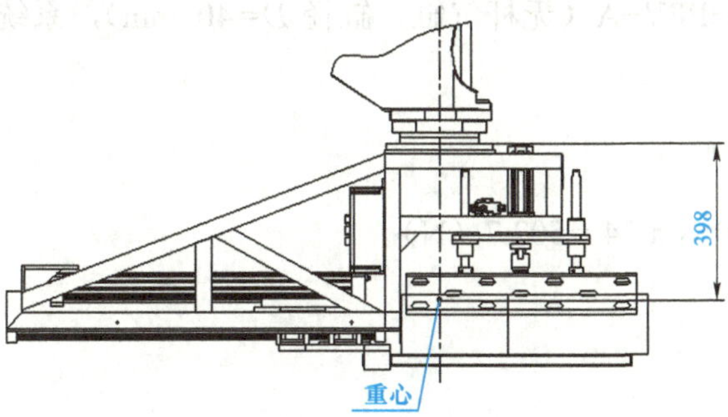

图 3-12　叉取纸箱后重心位置

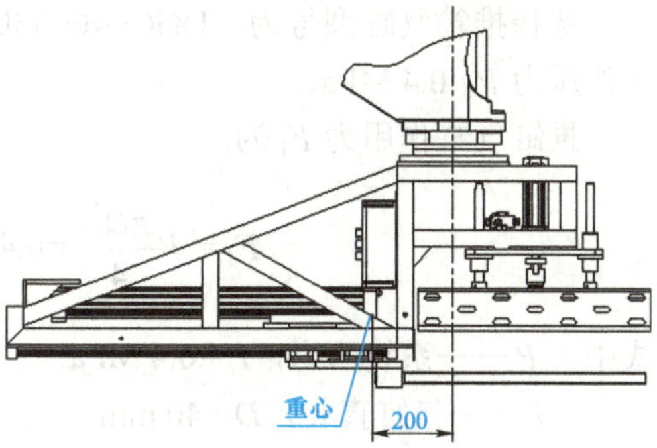

图 3-13　无纸箱重心位置

对照机器人载荷说明图（见图 3-14）找到向下 0.4、向右 0.2 区域，对应载荷是 210 kg，大于抓手加物料总质量为 170 kg，符合机器人使用要求。

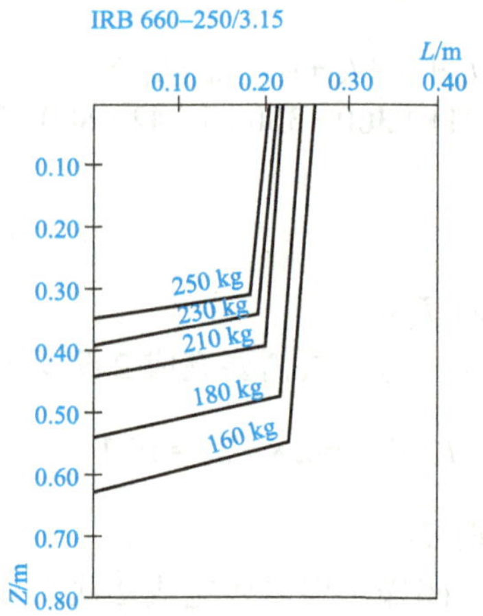

图 3-14 机器人载荷说明图

5. 抓手推箱气缸选择及校核

托铲式机器人抓手工作图如图 3-15 所示。

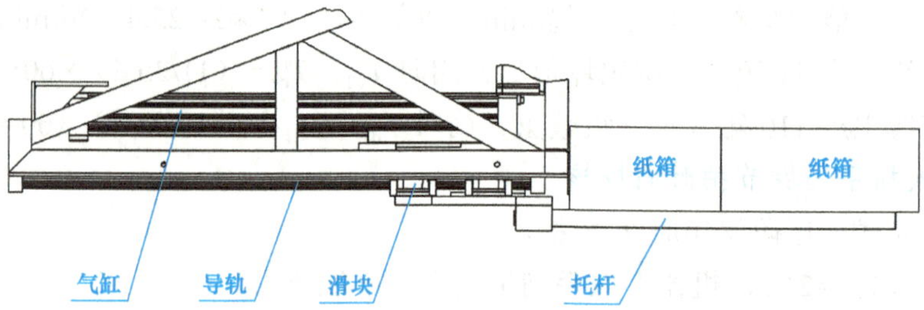

图 3-15 托铲式机器人抓手工作图

1）抓手推箱气缸型号确定

托铲式机器人抓手在工作中，通过推箱气缸带动托杆前后移动；推箱气缸带动托杆向前移动时，托杆插入要码垛的纸箱下面完成叉起工作；推箱气缸带动托杆向后移动时，纸箱落在垛堆上完成码垛。

选择推箱气缸型号为：DGC-40-430-G-PPV-A（无杆气缸，缸径 D=40 mm），系统工作压力 P=0.4 MPa。

推缸气缸作用力 F_1 为

$$F_1 = P\frac{\pi D^2}{4} = 0.4\times 40^2\times \pi / 4 = 502.7\text{（N）}$$

式中：P——系统压力，P=0.4 MPa；

D——气缸直径，D=40 mm。

2）最大摩擦阻力计算

托铲式机器人抓手推箱气缸带动托杆向前移动时，推箱气缸要克服滑块与导轨之间产生的摩擦阻力；抓手推箱气缸带动托杆向后移动时，推箱气缸要克服纸箱与托杆之间产生的摩擦阻力及滑块与导轨之间产生的摩擦阻力，所以最大摩擦阻力是抓手推箱气缸带动托杆向后移动时，纸箱与托杆之间产生的摩擦阻力及滑块与导轨之间产生的摩擦阻力之和。

（1）纸箱对托杆正压力计算。

$$F_2=nmg=7\times5\times9.8=343\text{（N）}$$

式中：n——机器人抓手单次叉取最多纸箱数量，$n=7$；

m——纸箱质量，$m=5$ kg；

g——重力加速度，$g=9.8$ m/s^2。

（2）确定摩擦系数。

摩擦系数见表 3–2，纸箱与托杆的摩擦系数选择近似材料，皮革与金属之间的摩擦系数 $\mu_1=0.6$。直线导轨的摩擦系数理论上在 0.01～0.02 之间，但实际应用中，考虑到安装平行度、为消除间隙采取的预紧、加珠器曲线失真、内外滚道一致性等因素不可控性太强，导致摩擦系数实际值常常大于理论值很多，因此选择 $\mu_2=0.15$。

表 3–2　摩擦系数表

材料 A	材料 B	摩擦系数			
		干摩擦条件		润滑摩擦条件	
		静摩擦	滑动摩擦	静摩擦	滑动摩擦
皮革	金属（洁净）	0.6		0.2	

（3）纸箱与托杆之间产生的摩擦阻力计算。

$$f_1=F_2\mu_1=343\times0.6=205.8\text{（N）}$$

（4）滑块与直线导轨的摩擦阻力计算。

$$f_2=F_2\mu_2=343\times0.15=51.5\text{（N）}$$

（5）总摩擦阻力计算。

$$F_3=f_1+f_2=205.8+51.5=257.3\text{（N）}$$

3）推缸气缸校核

托铲式机器人抓手在工作中，通过推箱气缸带动托杆前后移动，只有当推箱气缸作用力大于纸箱与托杆之间产生的摩擦阻力和滑块与导轨之间产生的摩擦阻力之和时，托铲式抓手才能抓取物料完成码垛作业。

推缸气缸作用力 $F_1=502.7$ N＞总摩擦阻力 $F_3=257.3$ N，故符合使用要求。

6. 抓手托杆选择及校核

1）抓手托杆的选择

（1）抓手托杆的材料及截面形状的选择。

托杆材料及截面形状的选择主要考虑受力是否合理且尽量减轻自重，根据经验，托铲式机器人抓手的托杆通常选择矩形冷弯空心型钢，型号为：H30×B15×t1.5，材质选择 304 不锈钢，其截面图如图 3–16 所示。

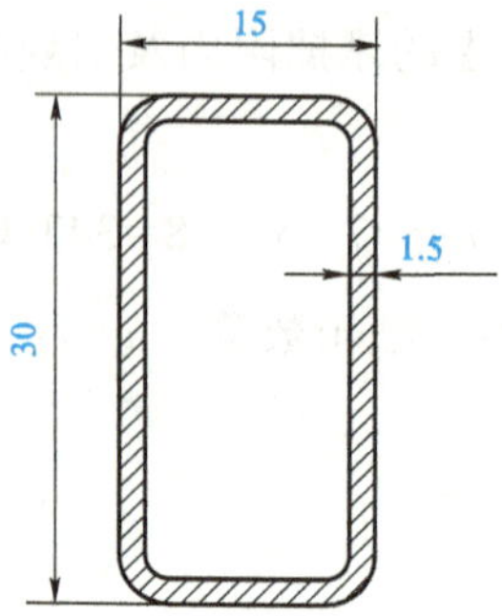

图 3-16　空心型钢截面图

托杆参数如下：材质为 304 不锈钢，许用应力[δ]=118 MPa；型号为 H30×B15×t1.5；数量 n=14。

（2）托杆截面力学性能。

① 各种截面和抗弯截面模数 W_x 计算示意图，如图 3-17 所示。

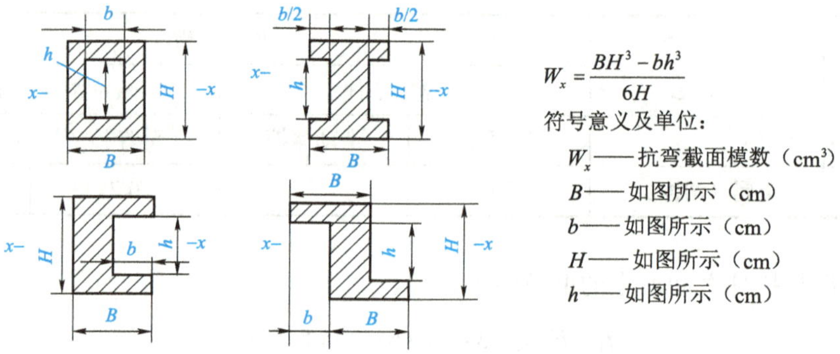

图 3-17　各种截面和抗弯截面模数计算示意图

抗弯截面模数为

$$W_x = \frac{BH^3 - bh^3}{6H} = \frac{1.5\times3^3 - 1.2\times2.7^3}{6\times3} = 0.94\ (\text{cm}^3)$$

式中：B=1.5 cm；b=1.2 cm；H=3 cm；h=2.7 cm。

② 各种截面和抗惯性矩 I_x 计算示意图，如图 3-18 所示。

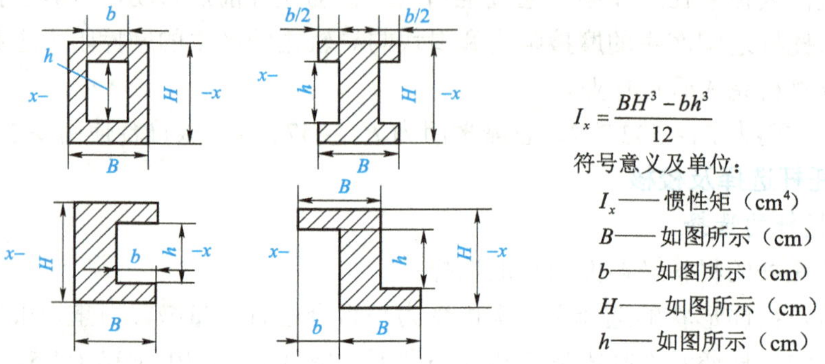

图 3-18　各种截面和抗惯性矩计算示意图

抗惯性矩为

$$I_x=\frac{BH^3-bh^3}{12}=\frac{1.5\times3^3-1.2\times2.7^3}{12}=1.4\text{（cm}^4\text{）}$$

式中：B=1.5 cm；b=1.2 cm；H=3 cm；h=2.7 cm。

2）抓手托杆的校核

从垛形分析与叉取方式图中可以看出，抓手码垛时有两种物料叉取方式：叉取方式一是叉取 4 箱，物料在托杆端部；叉取方式二是叉取 7 箱，物料布满整个托杆。下面分别对托杆在两种状态下的受力进行校核。

（1）抓手托杆在叉取方式一中的受力校核。

抓手托杆受力示意图如图 3-19 所示。

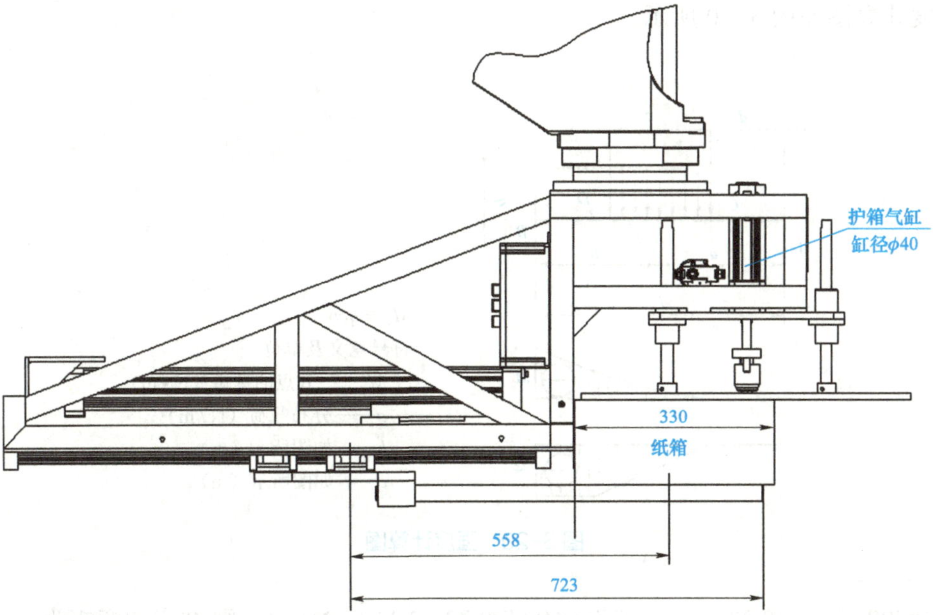

图 3-19　抓手托杆受力示意图 1

① 计算护箱气缸对托杆的压力。

护箱气缸的作用是保护纸箱，确保纸箱在机器人高速运动中不会发生位移，工作中由调压阀调整气缸压力，调整范围 P=0.2～0.4 MPa，计算时取 P=0.4 MPa，护箱气缸型号为 DNC-40-100-PPV-A，缸径为 40 mm。

护箱气缸对托杆的压力为

$$F_4=P\frac{\pi D^2}{4}=0.4\times40^2\times\pi/4=502.7\text{（N）}$$

式中：P——系统压力，P=0.4 MPa；

D——气缸直径，D=40 mm。

② 计算纸箱对托杆的压力。

纸箱对托杆的压力为

$$F_5=n_1mg=4\times5\times9.8=196\ (\mathrm{N})$$

式中：n_1——机器人抓手单次叉取最多纸箱数量，$n_1=4$；

m——纸箱质量，$m=5$ kg；

g——重力加速度，$g=9.8\ \mathrm{m/s^2}$。

③ 计算托杆承受的总压力。

$$F_6=F_4+F_5=502.7+196=698.7\ (\mathrm{N})$$

④ 校核托杆强度。

强度计算图如图 3-20 所示。

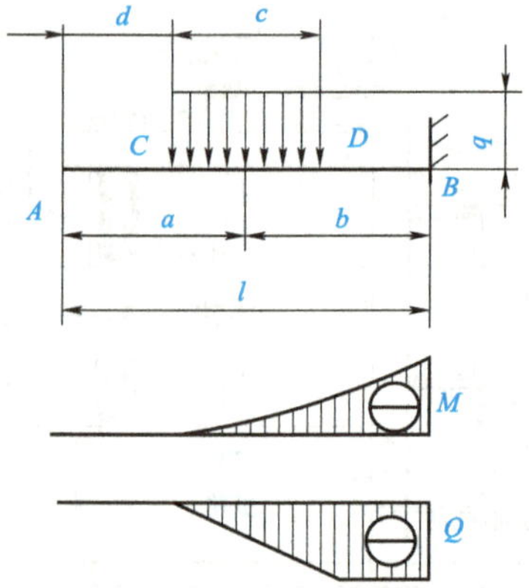

$M_B=qcb$

符号意义及单位：

M_B——B 点的弯矩（N•m）

q——分布载荷（N / m）

b——如图所示（m）

c——如图所示（m）

图 3-20 强度计算图

$b=0.588$ m，$c=0.33$ m，$q=F_6/c=698.7/0.33=2\,117$（N/m）。则 B 点的弯矩为

$$M_B=qcb=2\,117\times0.33\times0.588=410.8\ (\mathrm{N\cdot m})$$

B 点的应力为

$$\delta=\frac{M_B}{nW_x}$$

式中：W_x——托杆的抗弯截面模数；

n——托杆数量，$n=14$。

则 $\delta=\dfrac{M_B}{nW_x}=\dfrac{410.8}{14\times0.94}$ MPa$=31.2$ MPa$<[\delta]=118$ MPa，故符合使用要求。

⑤ 校核托杆刚度。刚度计算图如图 3-21 所示。

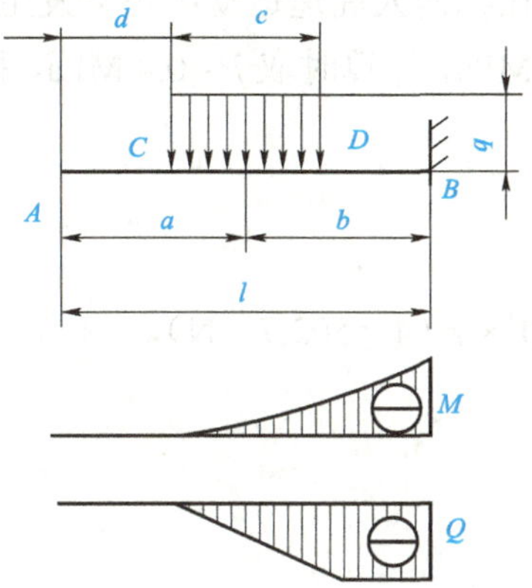

$$f_A = \frac{qc\left(12b^2l - 4b^3 + ac^2\right)}{24EI}$$

符号意义及单位：

f_A——A 点的挠度（m）

q——分布载荷（N / m）

E——弹性模量（Pa）

I——截面的轴惯性矩（m^4）

l——如图所示（m）

a——如图所示（m）

b——如图所示（m）

c——如图所示（m）

图 3-21　刚度计算图

q=2 163 N/m，E=200 GPa，$I=nI_x$=14×1.4=19.6（cm^4）。其中，I_x 为托杆的截面惯性矩，n 为托杆数量，n=14。l=0.723 m，a=0.33/2=0.165（m），b=0.588 m，c=0.33 m。故 A 点的挠度为

$$f_A = \frac{qc\left(12b^2l - 4b^3 + ac^2\right)}{24EI} = \frac{2\,163\times0.33\times\left(12\times0.588^2\times0.723 - 4\times0.588^3 + 0.165\times0.33^2\right)}{24\times2\,000\times19.6}$$

$$=0.001\,7\text{（m）}$$

即 f_A=1.7 mm，故符合使用要求。

（2）抓手托杆在叉取方式二中的受力校核。

抓手托杆受力示意图如图 3-22 所示。

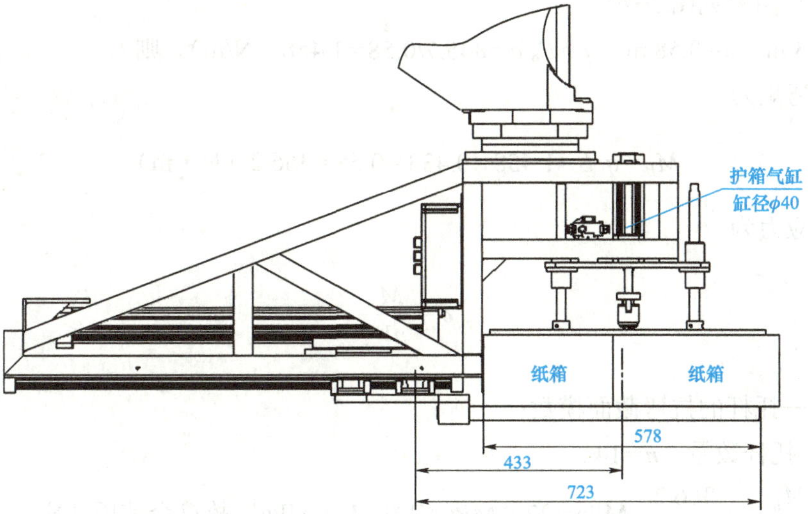

图 3-22　抓手托杆受力示意图 2

① 计算护箱气缸对托杆的压力。

护箱气缸的作用是保护纸箱，确保纸箱在机器人高速运动中不会发生位移，工作中由调压阀调整气缸压力，调整范围 P=0.2～0.4 MPa，计算时取 P=0.4 MPa，护箱气缸型号为：DNC-40-100-PPV-A，缸径为 40 mm。

护箱气缸对托杆的压力为

$$F_4 = P\frac{\pi D^2}{4} = 0.4\times 40^2\times \pi / 4 = 502.7\text{（N）}$$

式中：P——系统压力，P=0.4 MPa；

D——气缸直径，D=40 mm。

② 计算纸箱对托杆的压力。

纸箱对托杆压力为

$$F_7 = n_2 mg$$

式中：n_2——机器人抓手单次叉取最多纸箱数量，n_2=7；

M——纸箱质量，m=5 kg；

g——重力加速度，g=9.8 m/s^2。

则 $F_7 = n_2 mg = 7\times 5\times 9.8 = 343$（N）。

③ 计算托杆承受的总压力。

$$F_8 = F_4 + F_7 = 502.7 + 343 = 845.7\text{（N）}$$

④ 校核托杆强度。

强度计算图参见图 3-20。

b=0.433 m，c=0.58 m，$q = F_8/c = 845.7/0.58 = 1\,458$（N/m）。则

B 点的弯矩为

$$M_B = qcb = 1\,458\times 0.433\times 0.58 = 366.2\text{（N·m）}$$

B 点的应力为

$$\delta = \frac{M_B}{nW_x}$$

式中：W_x——托杆的抗弯截面模数；

n——托杆数量，n=14。

则 $\delta = \frac{M_B}{nW_x} = \frac{366.2}{14\times 0.94}$ MPa=27.8 MPa＜[δ]=118 MPa，故符合使用要求。

⑤ 校核托杆刚度。

刚度计算图参见图 3-21。

q=1 458 N/m，E=200 GPa，$I=nI_x$=14×1.4=19.6（cm^4）。其中，I_x 为托杆的截面惯性矩，n 为托杆数量，n=14。l=0.723 m，a=0.578/2=0.289（m），b= 0.433 m，c=0.58 m。则 A 点的挠度为

$$f_A=\frac{qc\left(12b^2l-4b^3+ac^2\right)}{24EI}=\frac{1\,458\times0.58\times\left(12\times0.433^2\times0.723-4\times0.433^3+0.289\times0.58^2\right)}{24\times2\,000\times19.6}$$
$$=0.001\,3\text{（m）}$$

即 f_A=1.3 mm，故符合使用要求。

3.2.4　抓手二维方案图设计

设计抓手二维方案图，如图 3-23 所示。

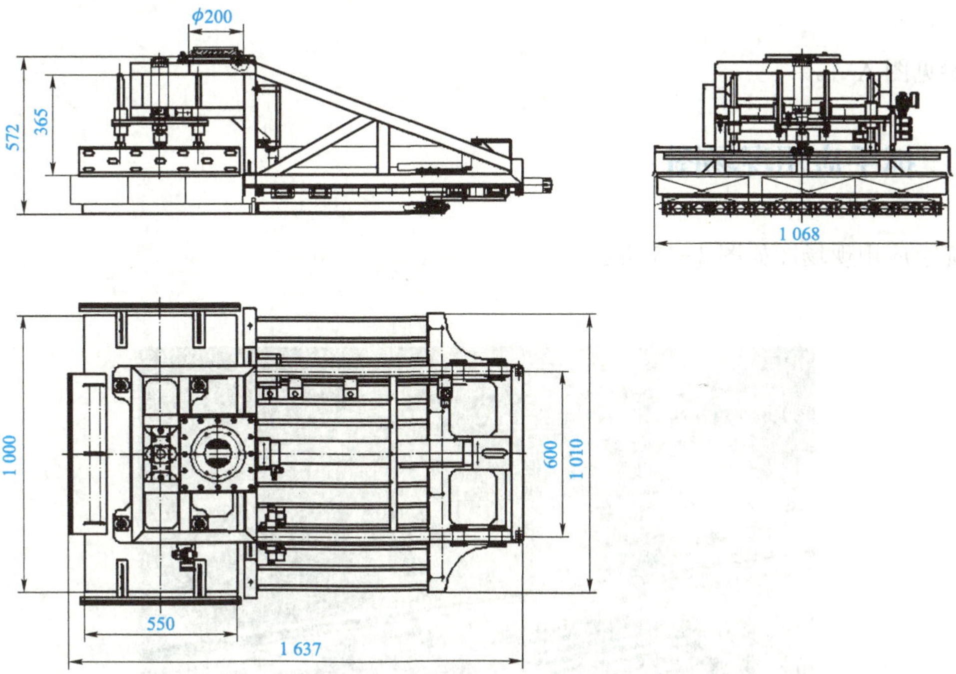

图 3-23　抓手二维方案图

3.2.5　抓手三维图设计

设计抓手三维图，如图 3-24 所示。

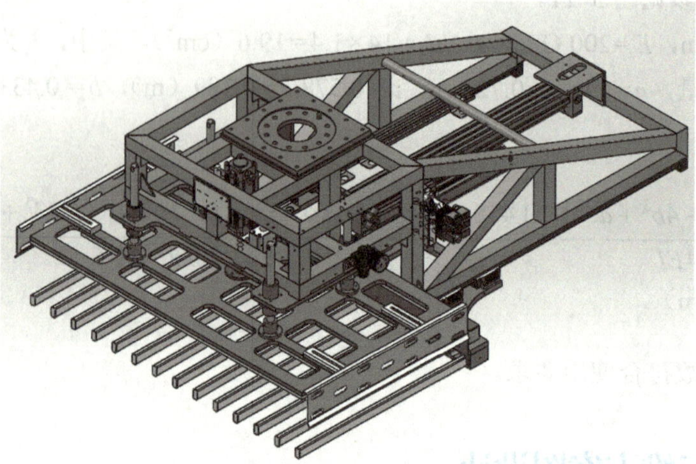

图 3-24　抓手三维图

3.2.6　工程图设计出图

参见图 A-1。

3.2.7　抓手应用现场图

抓手应用现场图如图 3-25 所示。

图 3-25　抓手应用现场图

3.3 搬运用吸取式机器人抓手设计

3.3.1 抓手的用途和基本要求

1. 抓手的用途

目前，各型板材被广泛应用在人们的生活当中，其中又以金属薄板较为常见，被大量应用在汽车制造、家用电器、家具、建筑及其他行业。在制成成品的过程中，需要作业人员进行大量的搬运工作，而这些人工作业会带来一系列的问题。

以某冲压钣金车间作业为例，以前是人工操作冲床作业，由此会有以下一些问题令管理者花费大量精力。

（1）成本问题。人工作业单产能效率不高，因此需配置多人解决总产能问题，人员数量较多，由此造成人力成本居高不下。

（2）劳动强度问题。毕竟人不能始终保持精神高度集中且始终在岗，由此会带来效率低下、事故产生、临时性离岗等问题。

（3）人员管理问题。离岗、违规作业、发生冲突等问题令管理者花费大量精力。

（4）安全问题。由于冲压作业节奏太快、工作持续时间长，加速了工人身体的疲劳，致使手脚动作不协调、误踏脚踏板等，因而发生安全事故。

实现自动化连续作业，可缓解甚至解决上述问题，同时可合理利用现有设备。

由此，搬运机器人应运而生，被逐渐应用到了制品冲压车间的自动化改造和新产线中。因此最终端的搬运抓手显得尤为重要，其体现了设备的可靠性甚至是决定最终成败的关键。

2. 抓手的基本要求

（1）结构紧凑、灵活轻巧；抓手总高度小于 210 mm。

（2）抓取物料材料：Q235 薄钢板。

（3）抓取物料规格：550 mm × 450 mm × 1 mm。

（4）抓取物料质量：2 kg。

（5）不得出现抓取掉产品情况。

（6）抓取频率：7.5 次/min。

（7）抓手使用环境：在冲压流水线上使用机器人抓手代替人工给冲床喂料作业，冲床在安装上下模具后，合模开度空间不大于 250 mm。

3.3.2 抓手形式选择及抓手介绍

1. 抓手形式选择

在对单件有形物品的搬运中，常用的抓手主要有以下几种形式。

（1）夹取式：用夹取的方式将产品运送到指定位。

（2）吸取式：用真空吸盘吸取的方式将产品运送到指定位。

(3) 组合方式：采用夹取和吸取相组合的方式将产品运送到指定位。

由于需搬运的产品为薄形钢板且面积较大，针对此特性，选用吸取方式（真空吸盘吸取）运送料更为合适，吸取式抓手示意图如图 3-26 所示。

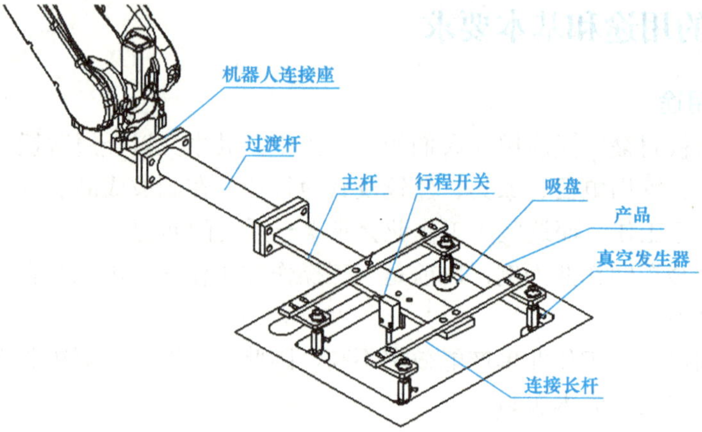

图 3-26　吸取式抓手示意图

2. 抓手介绍

1）抓手设计背景

目前机器人逐渐在各行各业开始普及并体现出明显的优势，特别是在加工制造业和其他劳动密集型行业的金属制品加工转运生产车间可以显示出巨大的差异。

2）抓手结构及工作原理

吸取式抓手主要由抓手连接框架、气动控制系统、信号控制系统组成。

(1) 抓手连接框架：主要由过渡杆、主杆、连接长杆、吸盘安装板、感应器安装板构成，如图 3-27 所示。其主要作用为：作为抓取薄板的承载平台，在机器人抓取物料时承载物料的质量。

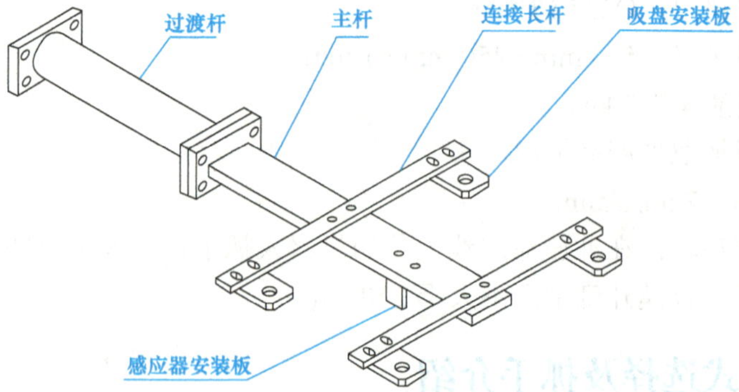

图 3-27　吸取式抓手连接框架结构图

(2) 气动控制系统：主要由气源、三联件、气动电磁阀、真空发生器、真空吸盘、真空连接辅件构成。考虑需减轻抓手质量，在抓手结构上只出现真空发生器、真空吸盘及真空连接辅件，其余气动部件设置在其他合理地方，如图 3-28 所示。

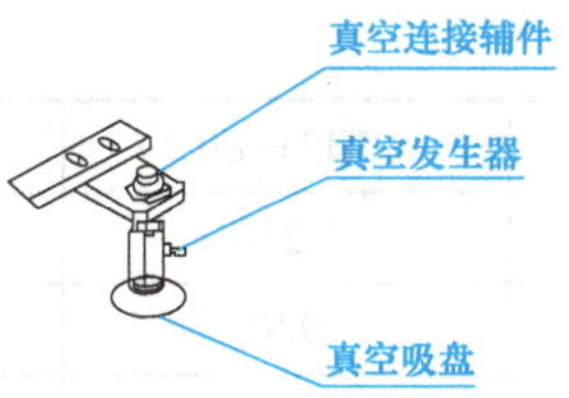

图 3-28　气动控制系统示意图

（3）信号控制系统：在此抓手结构中，在抓手连接框架上安装有行程开关，用于抓手感应薄板位置，判断并反馈给系统进行抓取与放置。

3）机器人选择

以车间现场使用沃得 JH21-125 开式固定台压力机为例，压力机设备工位排布间隔 1.8 m（中心位），压力机相关参数见表 3-3。

表 3-3　压力机相关参数

技术参数		单位	JH21-80		JH21-100		JH21-125	
形式			H	S	H	S	H	S
滑块公称力		kN	800		1 000		1 250	
公称力行程		mm	5	5	5	5	6	6
滑块行程		mm	100	160	100	160	100	160
行程次数	固定	min^{-1}	80	60	80	55	70	50
	可变	min^{-1}	55～95	40～75	55～95	35～65	50～85	35～60
大装模高度		mm	350	320	365	335	385	350
装模高度调节量		mm	80		90		90	
滑块中心至机身距离		mm	310		330		350	
立柱距离		mm	610		670		670	
滑块底面尺寸	左右	mm	540		620		620	
	前后	mm	460		520		520	
模柄孔尺寸	直径	mm	50		70		70	
	深度	mm	70		80		80	
工作台板尺寸	左右	mm	950		1 060		1 100	
	前后	mm	600		640		680	
落料孔直径		mm	180		180		200	
工作台板厚度		mm	140		145		155	
工作台离地面距离		mm	900		900		900	
外形尺寸	前后	mm	1 765		2 000		2 040	
	左右	mm	1 200		1 300		1 320	
	高	mm	2 725		3 010		3 035	

续表

技术参数		单位	JH21-80	JH21-100	JH21-125
地脚螺栓距离	前后	mm	1 210	1 365	1 430
	左右	mm	920	1 020	1 040
电机功率		kW	7.5	7.5	11
质量		kg	6 450	8 650	9 550
压机气压		MPa	0.5		

（1）机器人需从 1 台压力机中取出半成品，然后放置在相邻的压力机中，结合压力机设备的工作高度（工作面高度约 1 100 mm），通过计算，机器人的手臂工作范围在 R1 500 mm 左右较为合适。

（2）机器人负载核算。

① 搬运薄板质量约为 2 kg。

② 机器人抓手自身质量约为 6 kg。

③ 机器人静态下需承受质量 2+6=8（kg）。

经过综合考虑，选用安川机器人 MH24，该机器人的主要参数为：6 轴垂直多关节；负载 24 kg；动态范围 1 730 mm，其工作区域如图 3-29 所示。

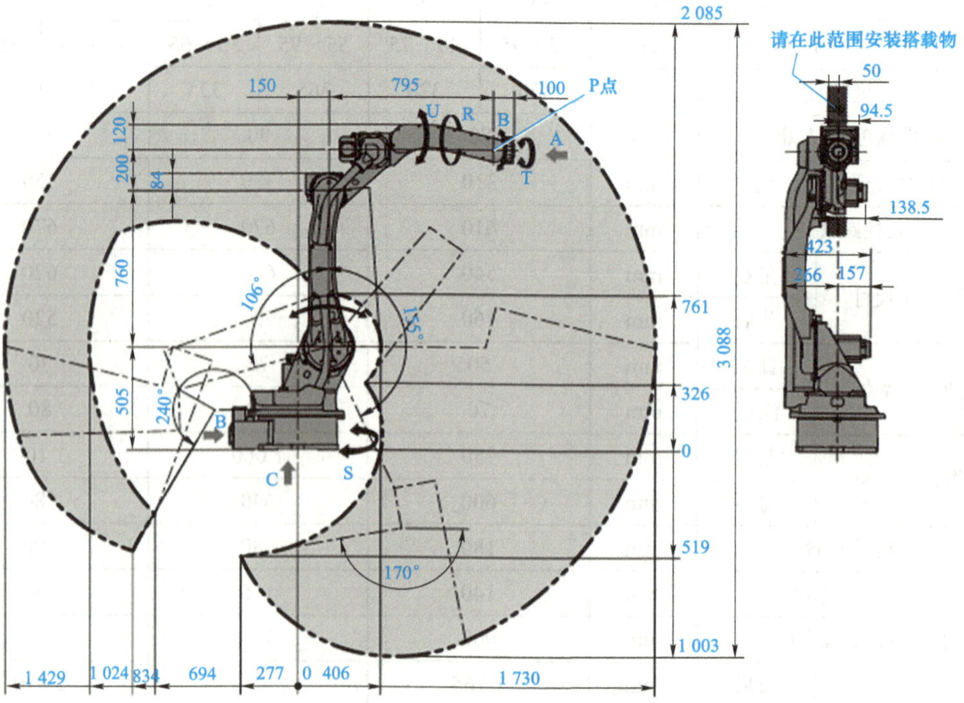

图 3-29　安川机器人 MH24 工作区域

3.3.3 抓手设计

1. 输入条件

（1）物料材料：Q235 钢板。

（2）产品规格：550 mm×450 mm×1 mm。

（3）产品质量：2 kg。

（4）抓取频率：7.5 次/min。

（5）抓取数量：1。

（6）抓手使用环境：使用机器人加装抓手代替人工冲床作业形成流水线作业方式，冲床在安装上下模具后，合模开度空间不大于 250 mm。

2. 抓手方案图

因物料为薄板且面积较大，为保证物料抓取的可靠性，选择 4 个吸盘同时进行吸取搬运工作，一个吸盘配一个真空发生器；因为抓手实际可用空间较小，选择横梁式支架结构，抓取部件分布点拟采用 4 件吸盘在产品“内凹槽”位置空间进行分布排列，排布尺寸 200 mm×295 mm。吸取式抓手方案如图 3-30 所示。

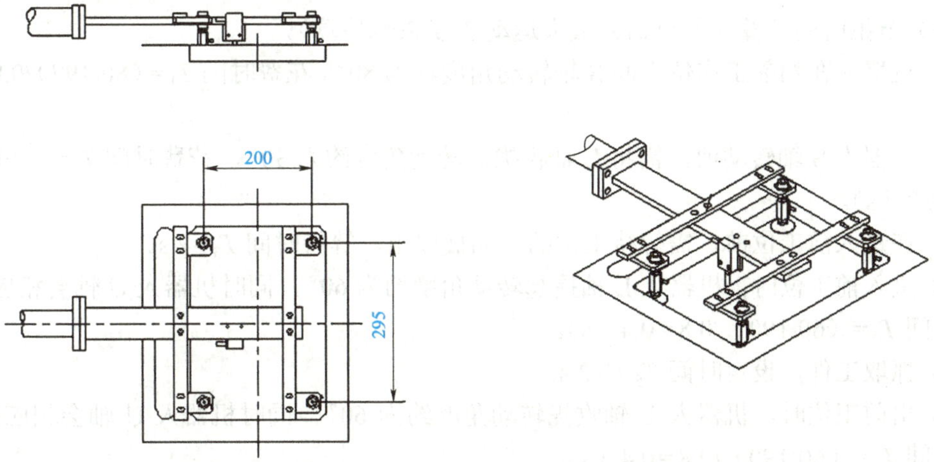

图 3-30 吸取式抓手方案图

3. 运动学及节拍时间计算

（1）机器人各运动轴相关参数见表 3-4。

表 3-4 机器人各运动轴相关参数

最大速度	S 轴（回旋）	3.44 rad/s，197°/s
	L 轴（下臂）	3.32 rad/s，190°/s
	U 轴（上臂）	3.67 rad/s，210°/s
	R 轴（手臂回旋）	7.16 rad/s，410°/s
	B 轴（手臂摆动）	7.16 rad/s，410°/s
	T 轴（手臂回转）	10.82 rad/s，620°/s

续表

容许力矩	R 轴（手臂回旋）	50.0 N·m
	B 轴（手臂摆动）	50.0 N·m
	T 轴（手臂回转）	30.4 N·m
容许惯性力矩（$GD^2/4$）	R 轴（手臂回旋）	2.1 kg·m^2
	B 轴（手臂摆动）	2.1 kg·m^2
	T 轴（手臂回转）	1.1 kg·m^2

（2）机器人工作循环图如图 3–31 所示。

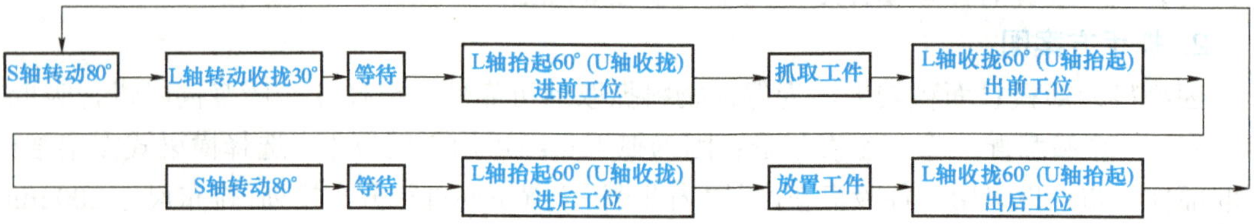

图 3–31　机器人工作循环图

（3）节拍时间计算（取机器人最大运动速度 80% 核算）。

① 机器人在相邻工作位之间 S 轴转动角度约为 80°，花费时间 T_1=（80/197）/0.8=0.51（s）。

② 机器人 S 轴转动前，需将 L 轴收拢，转动角度约为 30°，花费时间 T_2=（30/190）/ 0.8= 0.2（s）。

③ 在进入前工位前，需等待工位的产品被取出，等待时间 T_3=2 s。

④ 进入前工位时，机器人 L 轴抬起转动角度约为 60°，同时机器人 U 轴会相应收拢，花费时间 T_4=（60/190）/0.8=0.4（s）。

⑤ 抓取工件，设定时间 T_5=0.2 s。

⑥ 出前工位时，机器人 L 轴收拢转动角度约为 60°，同时机器人 U 轴会相应抬起，花费时间 T_6=（60/190）/0.8=0.4（s）。

⑦ 机器人在进入后工位前 S 轴转动角度约为 80°，花费时间 T_7=（80/197）/0.8=0.51（s）。

⑧ 在进入后工位前，需等待工位的产品被取出，设定等待时间 T_8=2 s。

⑨ 进入后工位时，机器人 L 轴抬起转动角度约为 60°，同时机器人 U 轴会相应收拢，花费时间 T_9=（60/190）/0.8=0.4（s）。

⑩ 放置工件，设定时间 T_{10}=0.2 s。

⑪ 出后工位时，机器人 L 轴收拢转动角度约为 60°，同时机器人 U 轴会相应抬起，花费时间 T_{11}=（60/190）/0.8=0.4（s）。

在整个机器人各轴运动过程中，主要核算以上各轴运动时间，其余各轴运动时间与周期均在以上各轴转动时间和周期内，故不需考虑。

则机器人抓取搬运 1 件产品总时间为：

$T=T_1+T_2+T_3+T_4+T_5+T_6+T_7+T_8+T_9+T_{10}+T_{11}=7.22\ \text{s}<60/7.5\ \text{s}=8\ \text{s}$，故满足节拍要求。

4. 力学计算

1）抓手受力计算（根据 SCHMALZ 施迈茨样本）

物料垂直提升后水平移动，吸盘同时承受水平和垂直负载力，则吸盘所需的理论吸力为

$$F_{实际}=m(g+a/\mu)s$$

式中：$F_{实际}$——实际所需吸力，N；

m——物料质量，kg；

g——重力加速度，取 g=9.81 m/s^2；

a——加速度，因本项目速度要求不高（抓取频率：7.5 次/min），取 a=5 m/s^2；

μ——摩擦系数，取 μ=0.5（金属、木材、玻璃、石材表面）；

s——安全系数，通常取 s>1.5，考虑钢材表面可能有油性影响吸取，取 s=2.5。

故 $F_{实际}=m(g+a/\mu)s=2\times(9.81+5/0.5)\times2.5=99$（N）。

本方案采用 4 件吸盘同时吸取搬运工作，则一个吸盘所需的吸力 $F_{实际}$=99/4=24.75(N)。

2）真空吸盘选择（根据 SCHMALZ 施迈茨样本）

由于产品为薄钢板，为确保产品在搬运过程中稳定可靠，选取适用于搬运油性金属薄板和汽车车身零部件的 SAB 形式的波纹吸盘吸取搬运。该形式吸盘相关技术参数见表 3–5。

表 3–5　SAB 型式的波纹吸盘技术参数

型号	吸力/N①	拉脱力/N	侧向力/N	侧向力（油性表面）/N②	体积/cm^3	工作最小曲率半径（凸形）/mm
SAB–22	16	24	18	6	2.5	20
SAB–30	22	33	30	13	5.7	40
SAB–40	38	59	36	33	8.7	40
SAB–50	53	87	55	52	16.1	50
SAB–60	82	130	82	77	28.8	65
SAB–80	135	221	145	140	67.6	75
SAB–100	190	357	220	214	115	90
SAB–125	250	558	352	335	220	140

注：① 此处吸力为真空度 –0.6 bar 时的理论值，对于表面光滑、干燥的工件而言，未包括安全系数。

② 此处侧向力的测定条件为：真空度 –0.6 bar，干燥或油性，工件表面平整光滑。根据工件表面性质不同，在特殊条件下，实际数值可能会改变。

从上述计算可知：一个吸盘所需的吸力 $F_{实际}$=24.75 N。根据表 3–5，选取吸盘型号为

SAB-40，$F_{1理论}=38\ \text{N}>24.75\ \text{N}$。

3）真空发生器选择

从表 3-5 可知，吸盘型号 SAB-40 的体积：$V_{吸盘}=V_{总}=8.7\ \text{cm}^3$。

当压力 $p_e=40\ \text{kPa}$ 时，有

$$t=[V_{总}\times\ln(p_a/p_e)\times1.3]/V_{抽}$$

故 $V_{抽}=[V_{总}\times\ln(p_a/p_e)\times1.3]/t$

$=8.7\times\ln(1\ 013/400)\times1.3\times10^{-6}/(0.2/3\ 600)$

$=0.189\ (\text{m}^3/\text{h})$

即 $V_{抽}=3.15\ \text{L/min}$。

当 $p_e=20\ \text{kPa}$ 时，有

$$t=[V_{总}\times\ln(p_a/p_e)\times1.3]/V_{抽}$$

故 $V_{抽}=[V_{总}\times\ln(p_a/p_e)\times1.3]/t$

$=8.7\times\ln(1\ 013/200)\times1.3\times10^{-6}/(0.2/3\ 600)$

$=0.33\ (\text{m}^3/\text{h})$

即 $V_{抽}=5.5\ \text{L/min}$。

结构上 1 件真空发生器配 1 件真空吸盘，则通过查表 3-6 可选择真空发生器 VR07，有 $V_{抽\max}=14\ \text{L/min}$。

表 3-6 真空发生器参数表

类型	喷嘴直径/mm	抽真空度/%	最大吸率/		耗气量吸入/		质量/g	操作手柄的工作温度/℃	最佳操作手柄压力/bar
			(L/min)	(m³/h)	(L/min)*	(m³/h)*			
VR05	0.5	87	7	0.4	12	0.7	15	0~60	5
VR07	0.7	90	14	0.8	21	1.3	15	0~60	5
VR09	0.59	89	21	1.3	36	2.2	15	0~60	5

注：*达到最佳工作压力时。

4）抓手主要配置

1 套吸盘式抓手配 1 套吸盘支架、4 件吸盘+真空发生器，以及 1 件行程开关。

吸盘支架：　　1×1

真空发生器：VR07　　1×4

吸盘：SAB-40　　1×4

行程开关：　　1×1

5）机器人手臂回转轴（第 6 轴）容许力矩核算

机器人安装抓手后，手臂受力如图 3-32 所示。

$M_6=m_1gL_1+m_2gL_2=(4\times0.5+2\times0.2)\times9.81\ \text{N}\cdot\text{m}=24\ \text{N}\cdot\text{m}<30.4\ \text{N}\cdot\text{m}$，故满足要求；

$J=J_1+J_2=m_1L_1^2+m_2L_2^2=4\times0.5^2+2\times0.2^2=1.08$（kg・m²）

即 $J<1.1$ kg・m²，故满足要求。

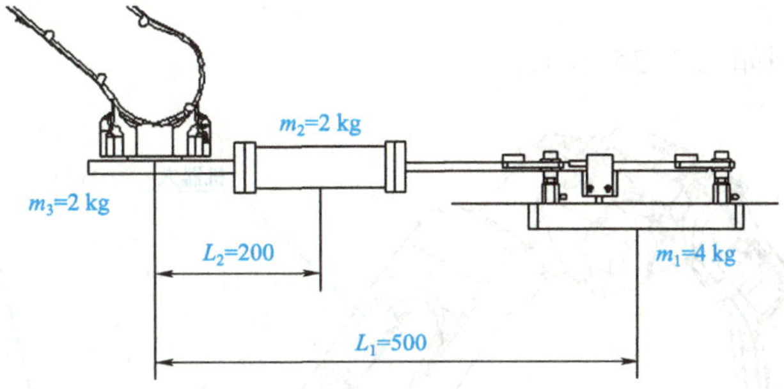

图 3-32　机器人手臂受力图

3.3.4　抓手二维方案图设计

设计抓手二维方案图，如图 3-33 所示。

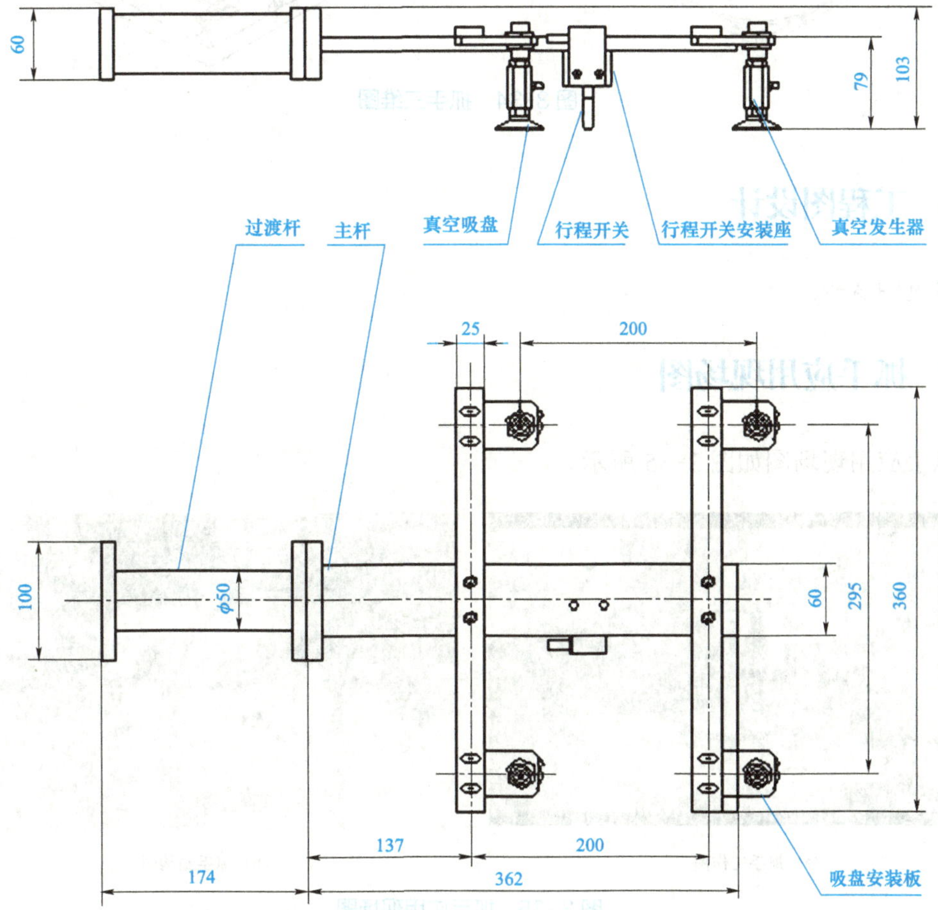

图 3-33　抓手二维方案图

3.3.5 抓手三维图设计

设计抓手三维图如图 3-34 所示。

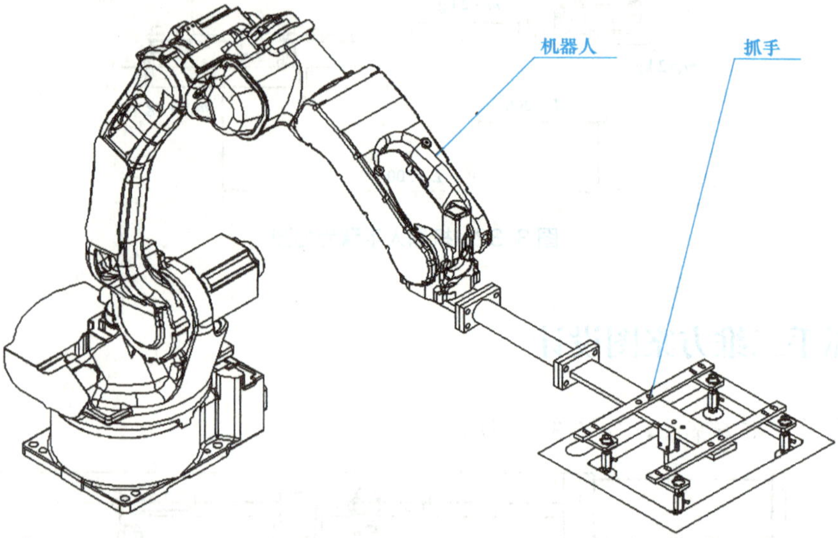

图 3-34 抓手三维图

3.3.6 工程图设计

参见图 A-2。

3.3.7 抓手应用现场图

抓手应用现场图如图 3-35 所示。

(a) 抓手工作图

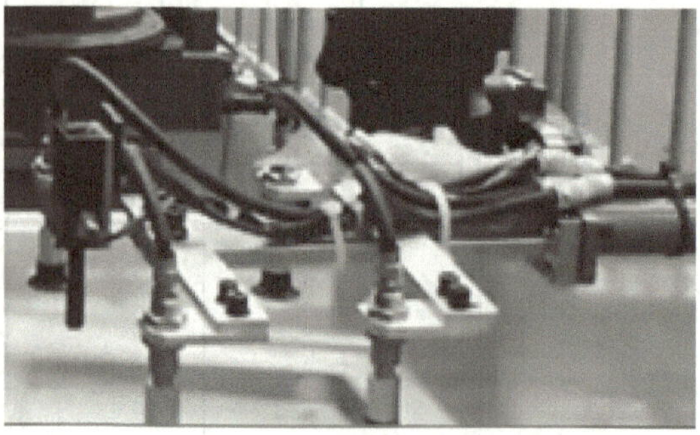

(b) 抓手结构图

图 3-35 抓手应用现场图

3.4　圆形物体搬运用夹爪式机器人抓手设计

3.4.1　抓手的用途和基本要求

1. 抓手的用途

夹爪式机器人抓手主要用于生产流水线上的油瓶装箱。

2. 抓手的基本要求

物品产能：3 000 瓶/h，共 1 条线。

物品性质：瓶装食用油。

装箱规格：4 瓶/箱。

装箱排列形式：2×2。

装箱方式：如图 3-36 所示。

物品尺寸：152 mm×150 mm×350 mm，物料外形如图 3-37 所示。

物品质量：5 kg/瓶。

大箱尺寸：315 mm×315 mm×358 mm。

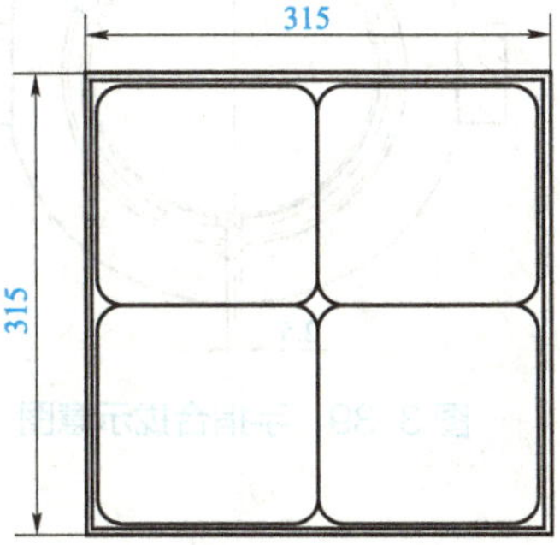

图 3-36　装箱方式

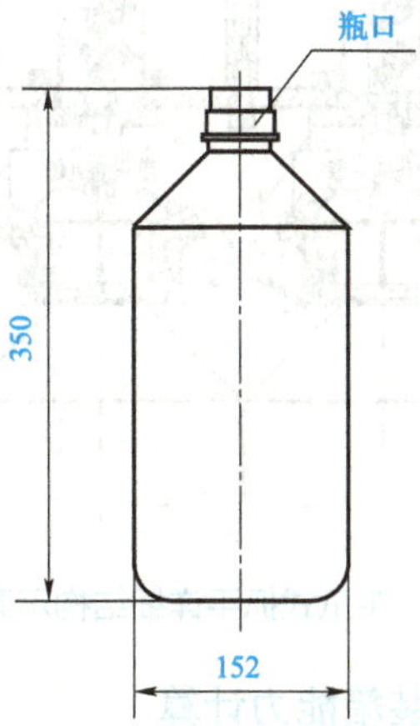

图 3-37　物料外形

3.4.2　抓手形式确定及抓手介绍

1. 确定抓手形式

1）夹取式抓取

夹取式是用两夹板夹持物料两侧，靠物料与夹板之间的摩擦力抓取物料，这种方式结构简单，工作中只有夹板给物料足够的压力，才能顺利抓起物料。

油瓶采用塑料制成，壁厚很小，外部对它施加力的情况下容易使之破损，故夹取式抓手不适合。

2）托铲式抓取

托铲式抓取以托铲为主，夹持为辅。夹持主要是保证物料在运动过程中不发生位移，工作稳定可靠，但这种抓手适合用于码垛现场，若用在装箱现场，托杆退出不方便，故托铲式抓手也不适合。

3）夹爪式抓取

油瓶瓶口位置是壁厚最大的地方，瓶口下端有一个台阶，可以承受整瓶油的重量，若抓手的手爪夹住这个台阶，手爪不会与瓶口壁接触，故抓手不会对瓶口壁产生损坏。

综合考虑，夹爪式抓取方式更适合生产流水线上的油瓶装箱要求。夹爪式抓取过程如下。气缸活塞杆伸出、缩回带动手爪完成张开、合拢动作，气缸活塞杆伸出、手爪张开后，物料瓶口环形槽插入抓手手爪的卡槽内，气缸活塞杆缩回、手爪合拢后，物料瓶口环形槽与抓手手爪的卡槽相互作用抓住物料，通过机器人的运动带动抓手完成物料的搬运、装箱等工作，机器人带动物料到预定位置后手指张开，通过气缸动作活塞杆伸出、手爪张开后物料与抓手分离，物料留在预定位置。夹爪式抓手详细结构如图 3–38 所示。

手指合拢后，手指之间间距是 2.5 mm，手指与瓶口壁间距是 0.5 mm，这样手指不会对瓶壁产生损坏，也可以护住油瓶不让它偏移。手指合拢示意图如图 3–39 所示。

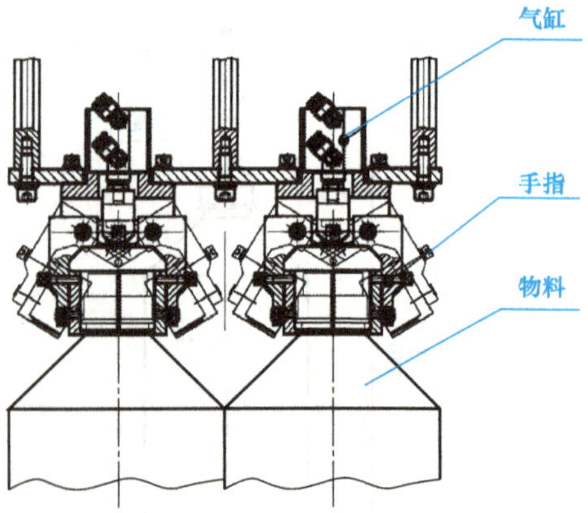

图 3–38　夹爪式抓手详细结构示意图

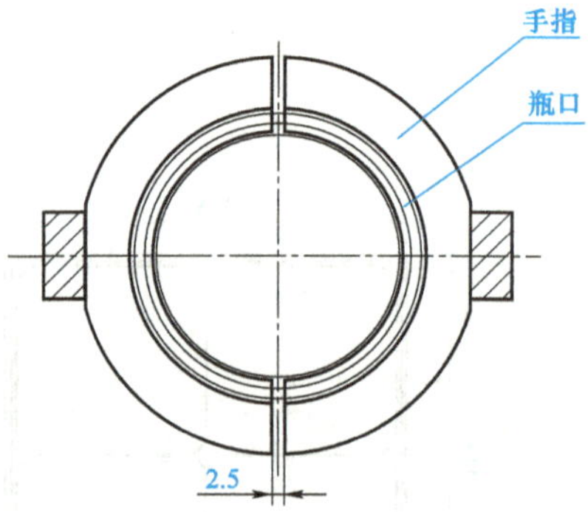

图 3–39　手指合拢示意图

2. 夹取装箱能力计算

1）计算每分钟产能

前端来料：3 000 瓶/h：装箱规格：4 瓶/箱。

每分钟产能：（3 000/4）/60＝12.5（箱/min）。

2）计算机器人每分钟抓取次数

因物料较重，并且高度也比较高，为了保证抓取的可靠性，且不能对物料造成损坏，所以抓取后运动速度不能太快，在方案上设计一次抓 2 箱进行装箱，则每分钟抓取次数＝12.5/2＝6.3（次）。

3）计算抓手负载

一次抓取 2 箱；4 瓶/箱；5 kg/瓶。

抓手负载 $W_0=2\times4\times5=40$（kg）。

3. 抓手介绍

1）抓手的特点及结构

如图 3-40 所示，夹爪式机器人抓手主要用于生产流水线上的油瓶、酒瓶等物料的抓取搬运、装箱等工作。夹爪式抓手的主要特点是：结构简单、整机紧凑轻便、抓取安全可靠；机器人高速运动过程中抓取稳定，抓取效率高。夹爪式抓手主要采用不锈钢及铝合金制造，能够适用于各种物料的生产线现场。

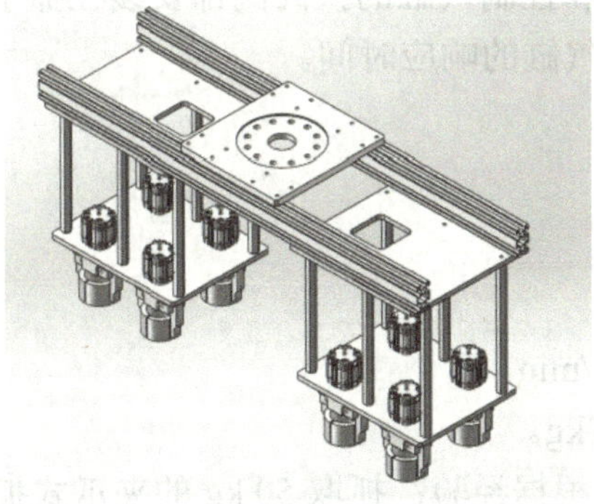

图 3-40　夹爪式机器人抓手

总体工艺流程如图 3-41 所示。抓手的主要结构图如图 3-42 所示。

物料前端排列 → 检测物料 → 物料抓取 → 装箱

图 3-41　总体工艺流程图

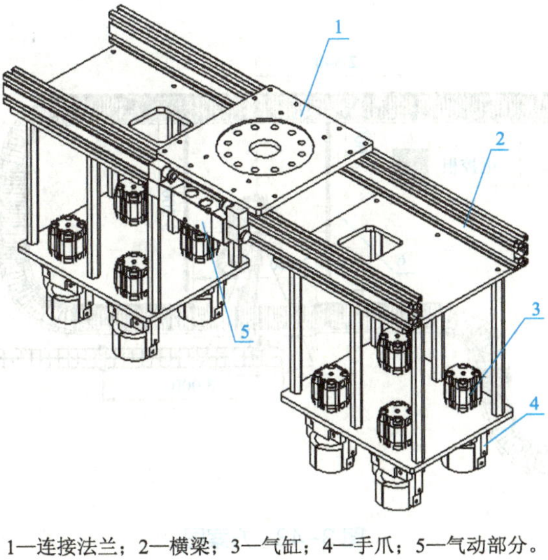

1—连接法兰；2—横梁；3—气缸；4—手爪；5—气动部分。

图 3-42　夹抓式机器人抓手结构图

2）抓手的工作原理及主要部件的作用

（1）连接法兰：抓手与机器人之间的连接件，保证抓手与机器人连接可靠。

（2）横梁：抓手的主要承重件，需要有很好的刚度，保证在机器人调整运动过程中，不出现晃动现象。

（3）气缸：气缸活塞杆伸出、缩回推动手爪完成物料的抓取、放置动作。

（4）手爪：抓手的关键部件，通过气缸带动实现对物料的抓取和放下。

（5）气动部分：该部分由整个机器人抓手中的气缸及气动控制汇集一起，形成气动系统，调整气路压力的调压阀和控制气缸的换向阀都安装在抓手上，这样可以缩短换向阀与工作气缸的距离，减少工作气缸的响应时间。

3.4.3 抓手设计

1. 抓手主要技术参数

（1）抓取频率：≤10 次/min。

（2）有效负载：W_0≤40 kg。

（3）抓手质量：60 kg（根据经验：抓取 50 kg 的夹爪式抓手质量不大于 60 kg）。

（4）气源压力：0.5～0.7 MPa。

（5）耗气量：180 L/min。

（6）工作环境：严禁有水或任何可能造成零件受潮损坏情况发生。

2. 机器人选择

1）机器人臂展确定

从方案图 3-43 中可以看出，抓取位在最外侧。抓取物料时需要跨过装箱位以满足需要，臂展需要 2 000 mm 左右。

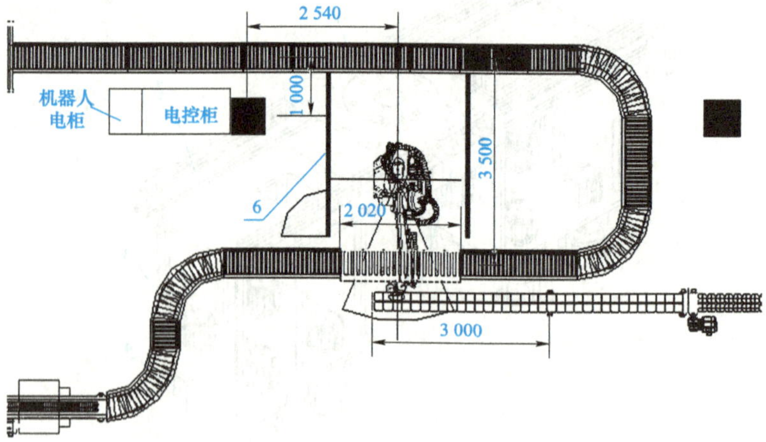

图 3-43 方案图

2）机器人负载确定

由于抓手负载 40 kg，抓手自重 60 kg，故机器人需要负载 100 kg。

3）机器人型号确定

选择机器人 IRB660-180/3.15，其工作参数如图 3-44 所示。负载：180 kg；臂展：3.15 m；轴数：4。

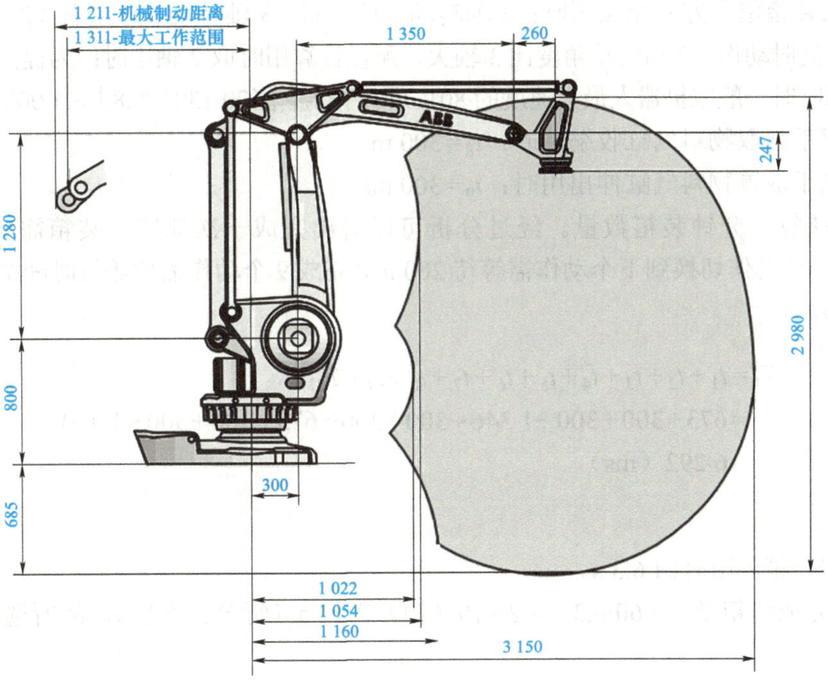

图 3-44　机器人 IRB660-180/3.15 工作参数图

3. 机器人运动过程及节拍时间计算

该型号机器人相关轴速度见表 3-7。

表 3-7　机器人 IRB660-180/3.15 相关轴速度

轴号	相关轴速度/（°/s）
1	130
2	130
3	130
6	300

机器人动作分析及用时计算如下。

（1）从原点到抓取位上方用时：2 轴转动 70° 左右、3 轴转动 30° 左右（1、2 轴最大速度一致，且同时动作，2 轴转动角度比 1 轴大，所以计算用时取 2 轴用时；为提高可靠性，在计算动作用时时一般取机器人最大速度的 80%），可得 t_1= [（70/130）/0.8] ×1 000=673（ms）。

（2）慢速到达抓取位用时：t_2=300 ms。

（3）抓取后慢速提升用时：t_3=300 ms。

（4）从抓取位上方到装箱位上方用时：2 轴转动 70° 左右、3 轴转 30° 左右（2、3 轴最大速度一致，且同时动作，2 轴转动角度比 3 轴大，所以计算用时取 2 轴用时；为提高可靠性，在计算动作用时时取机器人最大速度的 40%)，可得 t_4= [(70/130) /0.4] ×1 000=1 346 (ms)。

(5) 慢速到达放置位用时：t_5=300 ms。

(6) 放置后慢速提升用时：t_6=300 ms。

(7) 从装箱位上方回原点用时：2 轴转动 70° 左右、3 轴转动 30° 左右 (2、3 轴最大速度一致，且同时动作，2 轴转动角度比 3 轴大，所以计算用时取 2 轴用时；为提高可靠性，在计算动作用时时一般取机器人最大速度的 80%)，可得 t_7= [(70/130) /0.8] ×1 000=673 (ms)。

(8) 抓手抓取物料气缸收缩用时：t_8=300 ms。

(9) 抓手放置物料气缸伸出用时：t_9=300 ms。

(10) 核算一分钟装箱数量。经过分析可以看出完成一次抓取、装箱需要完成 9 个动作，完成一个动作切换到下个动作需等待 200 ms。完成 9 个动作需要等待时间 $T_{d1}=9\times200=$ 1 800 (ms)，则

$$\begin{aligned}T_1&=t_1+t_2+t_3+t_4+t_5+t_6+t_7+t_8+t_9+T_{d1}\\&=673+300+300+1\,346+300+300+673+300+300+1\,800\\&=6\,292\ (\text{ms})\end{aligned}$$

即 $T_1\approx6.3$ s。

一次装 2 箱，用时约 6.3 s。

1 min 完成装箱量= (60/6.3) ×2=19 (箱) >12.5 (每分钟产能)，故所选机器人符合使用要求。

4. 机器人载荷校核

从抓手安装位置图 3-45 中可以看出，抓手抓取物料后重心与机器人 6 轴法兰面的距离为 575 mm，由于每次抓放物料时左右两边同时进行，重心基本上在 6 轴的轴心上。

对照机器人载荷说明图，如图 3-46 所示，575 mm 对应载荷是 120 kg，大于抓手和物料的总质量 100 kg，故所选机器人符合使用要求。

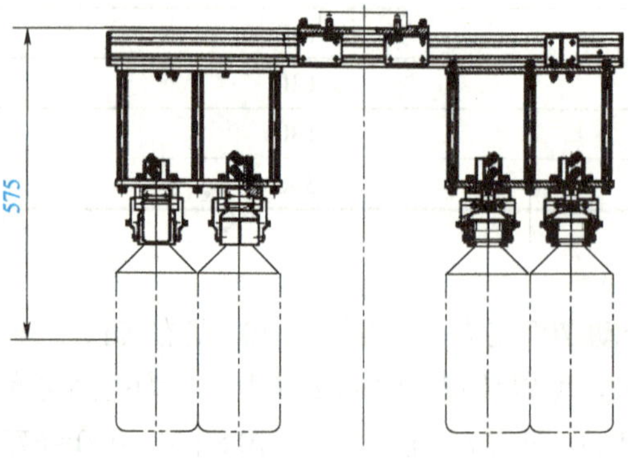

图 3-45 抓手安装位置图

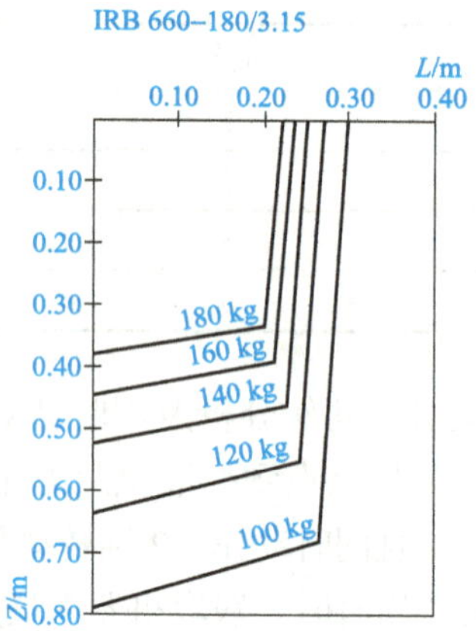

图 3-46 机器人载荷说明图

5. 抓手手爪受力计算

1) 抓手手爪横梁受力计算

横梁是机器人抓手的主要受力部件，需要有好的强度和刚度，以保证机器人在抓取物

料运动过程中不产生变形和移位，如图 3-47 所示。选择铝型材 60 系列 60 mm×30 mm 作为横梁，其截面图如图 3-48 所示。铝型材参数见表 3-8。

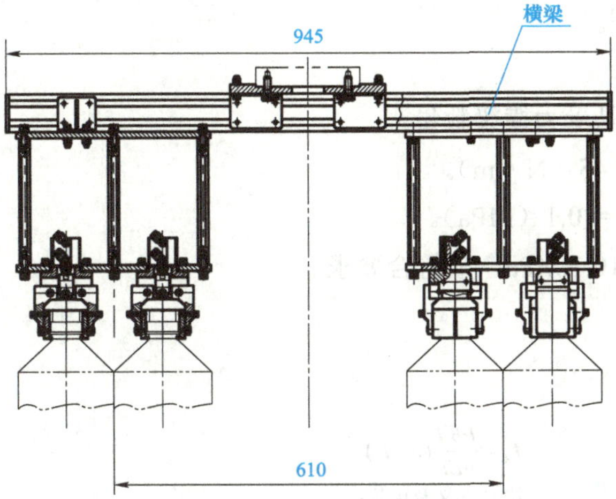

图 3-47　抓手横梁示意图

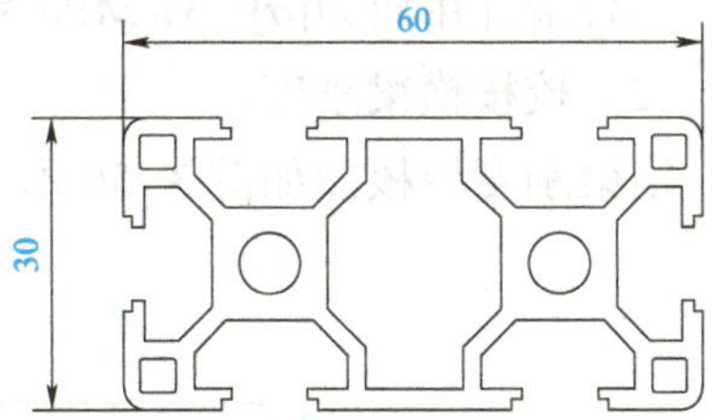

图 3-48　铝型材截面图

表 3-8　铝型材参数

品名称	铝型材 60 系列　60×30
系列	型材 60 系列
材料	材质：铝合金
横截面面积 A/cm²	6.13
x 轴惯性矩 I_x/cm⁴	5.54
y 轴惯性矩 I_y/cm⁴	22.21
x 轴截面模量 W_x/cm³	3.69
y 轴截面模量 W_y/cm³	7.4
线密度/（kg/m）	1.69

（1）校核横梁强度。

横梁强度校核图如图 3-49 所示。

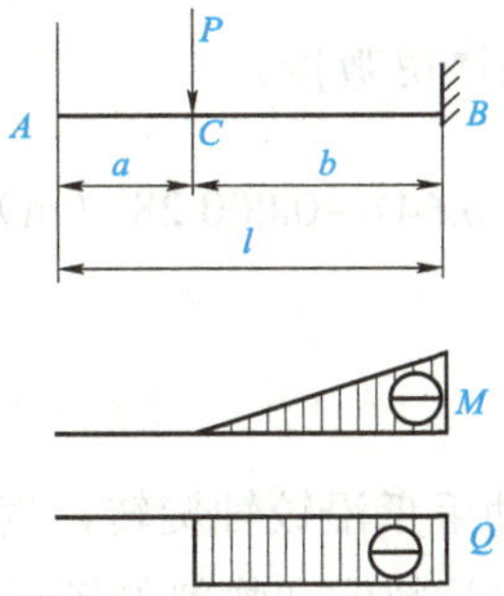

$M_B = Pb$

符号意义及单位：

M_B——B 点弯矩（N•m）

P——集中载荷（N）

b——如图所示（m）

图 3-49　横梁强度校核图

$$P=mg/2=100\times9.8/2=490\text{（N）}$$

式中：m——物料和抓手质量之和，$m=100$ kg；

g——重力加速度，取 $g=9.8\ \mathrm{m/s^2}$。

$b=305$ mm，即 $b=0.305$ m。

$W_{y梁}=7.4\times2=14.8$（$\mathrm{cm^3}$）（式中 2 是受力横梁数量）。

B 点弯矩 $M_B=Pb=490\times0.305=149.45$（N · m）。

B 点应力 $\sigma_B=M_B/W_{y梁}=149.45/14.8=10.1$（MPa）。

铝合金许用应力$[\sigma]=37$ MPa$>\sigma_B=10.1$ MPa，故符合要求。

（2）校核横梁刚度。

横梁刚度校核图如图 3-50 所示。

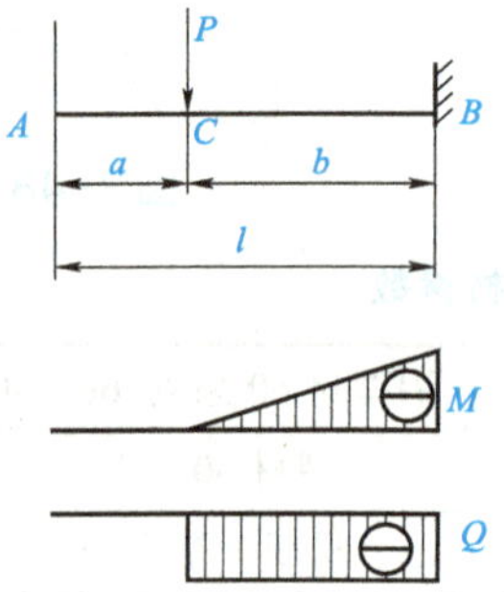

$$f_A=\frac{Pb^2l}{6EI}(3-\beta)$$

符号意义及单位：

f_A——A 点挠度（m）

P——集中载荷（N）

E——弹性模量（Pa）

l——如图所示（m）

b——如图所示（m）

β——b 与 l 之比

I——截面的轴惯性矩（$\mathrm{m^4}$）

图 3-50　横梁刚度校核图

$$P=mg/2=100\times9.8/2=490\text{（N）}$$

式中：m——物料和抓手质量之和，$m=100$ kg；

g——重力加速度，取 $g=9.8\ \mathrm{m/s^2}$。

$b=305$ mm，即 $b=0.305$ m。

$E=67$ GPa。

$l=473$ mm，即 $l=0.473$ m。

$\beta=b/l=0.305/0.473=0.64$。

$I_{y梁}=22.21\times2=44.42$（$\mathrm{cm^4}$）（式中 2 是受力横梁数量）。

$$f_A=\frac{Pb^2l}{6EI}(3-\beta)=\frac{490\times0.305^2\times0.473}{6\times670\times44.42}\times(3-0.64)=0.000\ 28\text{（m）}$$

即 $f_A=0.28$ mm，故符合要求。

2）手爪力量校核

当抓手手爪工作时，气缸活塞杆缩回，带动手爪沿铰轴旋转，气缸给手爪一个向上的提升力以克服物料给手爪向下的重力，从而夹住物料实现物料的搬运，如图 3-51 所示。

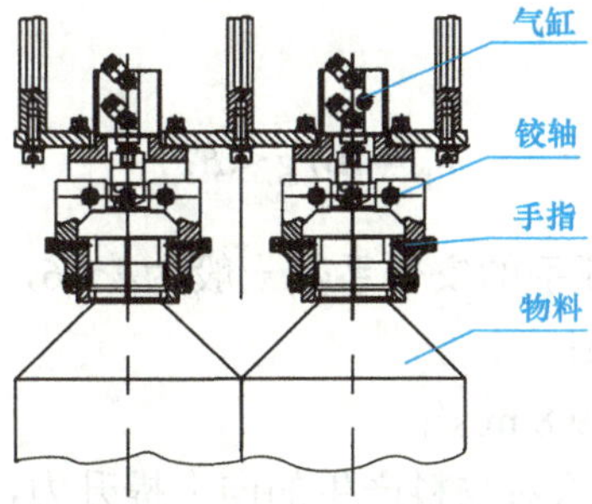

图 3-51　抓手抓取物料图

（1）选择手爪气缸。

根据使用条件和经验，选择手爪气缸型号：ADVC-32-15-A-P。

手爪气缸参数如下：

缸径 D=32 mm；

杆径 d=10 mm；

行程 S=15 mm；

工作压力 P=0.4 MPa。

手爪气缸活塞杆缩回时产生的拉力 F_1 为

$$F_1=P\frac{\pi\left(D^2-d^2\right)}{4}=0.4\times\frac{3.14\times\left(32^2-10^2\right)}{4}=290\text{（N）}$$

（2）手爪工作状态受力分析。

手爪工作状态受力简图如图 3-52 所示。

图 3-52　手爪工作状态受力简图

根据图 3-52 得

$$L_1F_1=L_2F_2$$

式中：L_1——气缸活塞杆缩回手爪与物料接触时，气缸产生拉力作用的力臂长度，L_1=25 mm；

F_1——气缸活塞杆缩回时产生的拉力，F_1=290 N；

L_2——气缸活塞杆缩回手爪与物料接触，气缸产生拉力作用时物料对手爪产生的反作用力的力臂长度，L_2=77 mm；

F_2——气缸活塞杆缩回手爪与物料接触，气缸产生拉力作用时物料对手爪产生的反作用力。

$$F_2=L_1F_1/L_2=25\times290/77=94.2\text{（N）}$$

气缸活塞杆缩回手爪与物料接触，气缸产生拉力作用时手爪对物料产生的向上提升力 F_3 为

$$F_3=F_2/\cos72°=94.2/\cos72°=304.8\ (\text{N})$$

（3）手爪气缸校核。

$$F_{物}=nWg<F_3$$

式中：n——安全系数，夹爪式抓手的安全系数一般为4～6，取 $n=5$；

W——物料质量，$W=5$ kg；

g——重力加速度，取 $g=9.8$ m/s^2；

F_3——气缸产生拉力时手爪对物料产生的向上提升力，$F_3=304.8$ N。

$$F_{物}=nWg=5\times5\times9.8=245\ (\text{N})$$

则 $F_{物}<F_3=304.8$ N，故满足使用要求。

3.4.4 抓手二维方案图设计

设计抓手二维方案图，如图 3-53 所示。

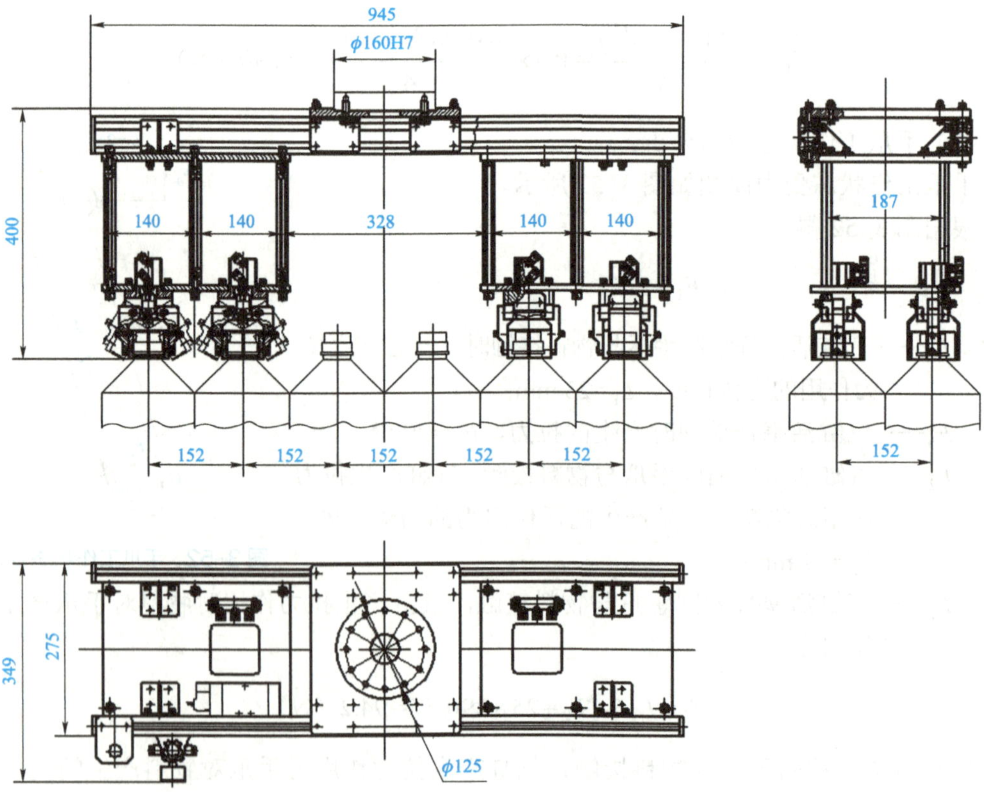

图 3-53 抓手二维方案图

3.4.5　抓手三维图设计

设计抓手三维图，如图 3-54 所示。

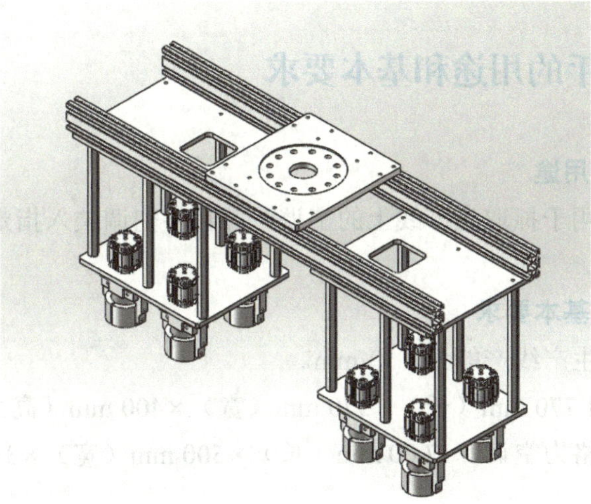

图 3-54　抓手三维图

3.4.6　工程图设计出图

参见图 A-3。

3.4.7　抓手应用现场图

抓手应用现场图如图 3-55 所示。

（a）抓手工作图

（b）抓手结构图

图 3-55　抓手应用现场图

3.5 大件搬运用夹板式机器人抓手设计

3.5.1 夹板式抓手的用途和基本要求

1. 夹板式抓手的用途

夹板式抓手主要用于抓取生产线上的空调，并且将空调装入指定的包装箱中，整个过程不需人工参与。

2. 夹板式抓手的基本要求

（1）前端物料：生产线产能为 6 箱/min。

（2）纸箱规格：1 770 mm（长）×570 mm（宽）×400 mm（高）。

（3）物料规格：格力空调，17 00 mm（长）×500 mm（宽）×350 mm（高）。

（4）质量：50 kg。

3.5.2 抓手形式确定及抓手介绍

1. 确定抓手形式及抓取方案

1）抓取方式确定

该抓手抓取的物料为空调，具有体积较大、重量较重、物料形状一致性好的特点。对于这种物料，通常选择夹板式抓手进行搬运装箱，其抓取示意图如图 3-56 所示。

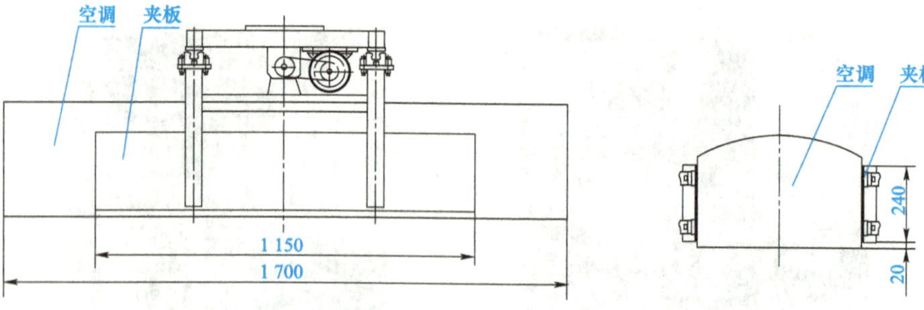

图 3-56 夹板式抓手抓取示意图

确定夹板长宽尺寸为 1 150 mm×240 mm，夹取空调中间位置，夹板与空调的接触面积占空调侧面面积的 65%左右，这样使空调在搬运装箱过程中可以承受较大的夹压力，确保物料夹取后在机器人运动过程中安全可靠。夹板式抓手装箱示意图如图 3-57 所示。

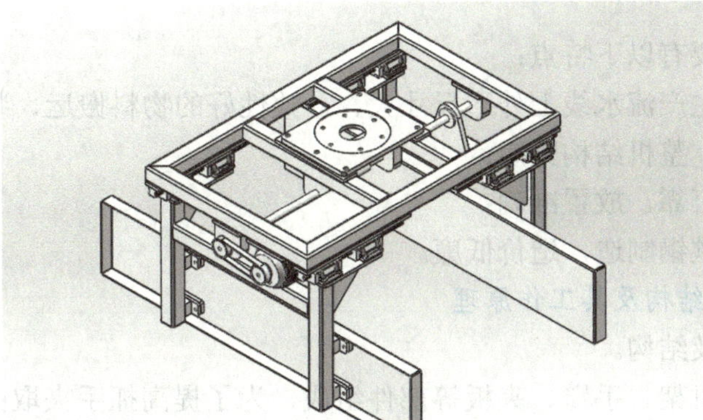

图 3-57　夹板式抓手装箱示意图

2）抓手装箱布置方案

抓手装箱布置方案如图 3-58 所示。

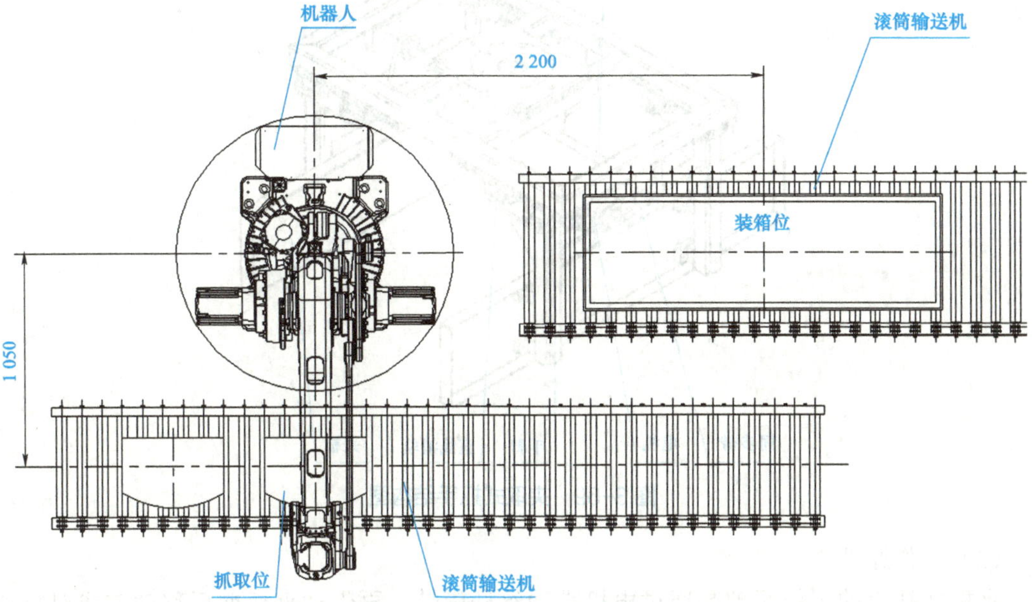

图 3-58　抓手装箱布置方案图

抓手装箱布置方案说明如下。

（1）空调组装检验合格后，通过滚筒输送机站立式向前输送，当抓取位检测到空调后，机器人开始抓取工作。

（2）机器人抓取空调后，抓手夹住空调在空中翻转、将空调由站立式翻转成水平状态后装入包装箱。

2. 抓手介绍

1）抓手的特点

夹板式抓手主要有以下特点：

（1）主要用于生产流水线上外形尺寸大、一致性好的物料搬运、装箱、码垛工作；

（2）结构简单，整机结构紧凑；

（3）抓取稳定可靠，放置准确；

（4）主要采用碳钢制造，造价低廉。

2）抓手的基本结构及其工作原理

（1）主要部件及结构。

夹取式抓手由机架、手臂、夹板等部件组成，为了提高抓手夹取的可靠性，夹板上装有高摩擦皮带。高摩擦皮带采用橡胶制成，表面带横向平行纹理，主要由机械部分和气动系统组成。夹取式抓手结构如图 3-59 所示。机架是主要承重单元，上端与机器人手腕法兰连接，下端安装直线滑轨，滚珠丝杆安装在中间，侧边安装电机。手臂安装在直线滑轨的滑块上，可以左右移动。

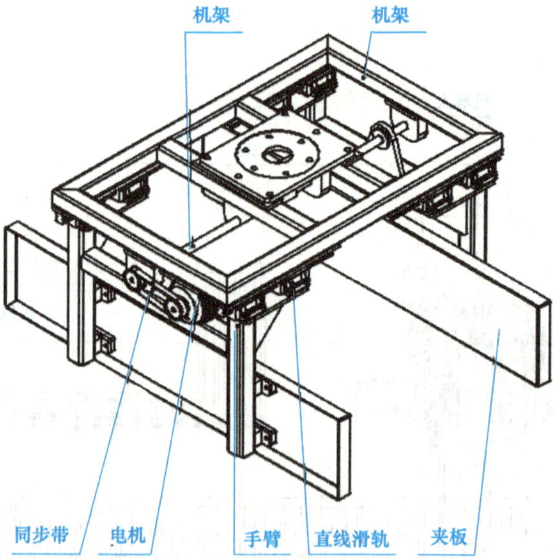

图 3-59　夹取式抓手结构图

（2）工作原理。

夹板式抓手的工作原理是通过电机带动丝杆旋转，再带动夹板前后移动完成对物料的夹紧和松开。电机与滚珠丝杆采用同步带进行传动，电机转动从而带动滚珠丝杆旋转。丝杆两端的螺母上均装有手臂夹板，且两侧的螺纹方向不同，一端是正丝、另一端是反丝。丝杆正转可以使两侧螺母向中间移动，反转可以使两侧螺母向两端移动，两侧手臂与两端螺母分别连接，电机正转或反转可以使手臂完成张开、合拢的工作，从而完成对物料的夹紧和松开。

3.5.3 抓手设计

1. 抓手主要性能参数

（1）抓取装箱频率：$n \leqslant 6$ 次/min。

（2）单次抓取数量：1 件。

（3）有效负载：$m=50$ kg。

（4）抓手质量：$W_1=70$ kg（根据经验可知，抓取 50 kg 物料的夹板式抓手质量应不大于 70 kg）。

2. 机器人选择

1）机器人臂展计算

根据现场要求，一台机器人完成装箱工作时，抓取位与装箱位最大间距为 2 200 mm，因此机器人臂展必须大于 2 200 mm。

2）机器人负载计算

生产中机器人必须承受抓手与空调共同的质量，空调质量 $m=50$ kg、抓手质量 $W_1=70$ kg，机器人工作的负载 $W_2=m+W_1=50+70=120$（kg）。

3）机器人型号确定

根据上述参数，选择 IRB6640-180/2.55 机器人，机器人的工作范围如图 3-60 所示。负载：180 kg；臂展：2.55 m；轴数：6。

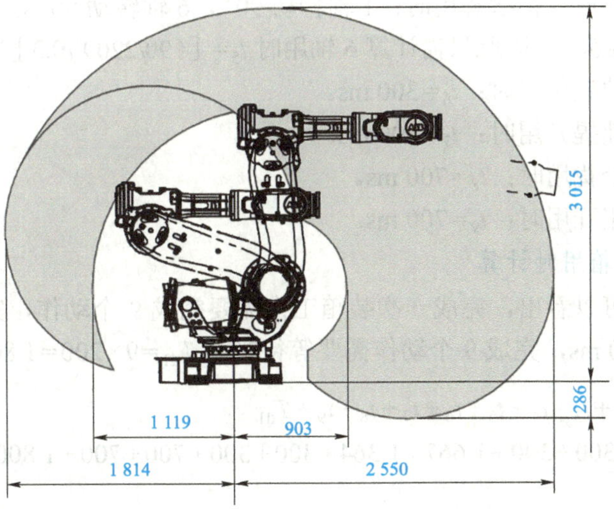

图 3-60　机器人 IRB6640-180/2.55 的工作范围

3. 运动过程及节拍时间计算

机器人 IRB6640-180/2.55 速度参数见表 3-9。

表 3-9　机器人 IRB6640-180/2.55 速度参数

运动轴	工作范围 6640/（°）	工作范围 6640ID/（°）	轴最大转速 6640/（°/s）
轴 1（旋转）	+170～-170	+170～-170	100～110
轴 2 手臂	+85～-65	+85～-65	90
轴 3 手臂	+70～-180	+70～-180	90
轴 4 手腕	+300～-300	+300～-300*	170～190
轴 5（弯曲）	+120～-120	+100～-100*	120～140
轴 6（翻转）	+360～-360	+300～-300*	190～235

注：*为这些参数存在特殊限制条件。

1）机器人动作分析及用时计算

（1）从原点到抓取位上方用时：2 轴转动 20° 左右、3 轴转动 15° 左右（2、3 轴最大速度一致，且同时动作，2 轴转动角度比 3 轴大，所以计算用时取 1 轴用时；为提高可靠性，在计算动作用时时一般取机器人最大速度的 80%），可得 t_1=［（20/90）/0.8］×1 000=278（ms）。

（2）慢速到达抓取位用时：t_2=300 ms。

（3）抓取后慢速提升用时：t_3=300 ms。

（4）将空调调整成水平状态用时：5 轴转动 90° 左右（因为空调外形尺寸较大，翻转时为提高可靠性，动作时一般取机器人最大速度的 30%），可得 t_4=［（20/90）/0.3］×1 000=1 667（ms）。

（5）将空调调整成入箱状态用时：1 轴转动 90°，6 轴转动 90°，工作中 6 轴需要慢速转动，只能启动 30%速度，因此只需计算 6 轴用时 t_5=［（90/220）/0.3］×1 000=1 364（ms）。

（6）慢速到达放置位用时：t_6=300 ms。

（7）放置后慢速提升用时：t_7=300 ms。

（8）抓手手臂合拢用时：t_8=700 ms。

（9）抓手手臂张开用时：t_9=700 ms。

2）完成一次装箱用时计算

通过动作分析可以看出，完成一次装箱工作需要完成 9 个动作，完成一个动作切换到下个动作需等待 200 ms，完成 9 个动作需要等待时间 $T_{d1}=9\times200=1\ 800$（ms）。

$$\begin{aligned}T_1&=t_1+t_2+t_3+t_4+t_5+t_6+t_7+t_8+t_9+T_{d1}\\&=278+300+300+1\ 667+1\ 364+300+300+700+700+1\ 800=7\ 709\ (\text{ms})\end{aligned}$$

即 $T_1=7.7$ s。

3）机器人每分钟完成装箱次数计算

$n_{机}$=60/7.7=7.8（次/min）＞6 次/min，故所选机器人满足生产线产能要求。

4. 力学方面计算

1）电机功率计算与校核

夹板式抓手夹取示意图如图 3-61 所示。

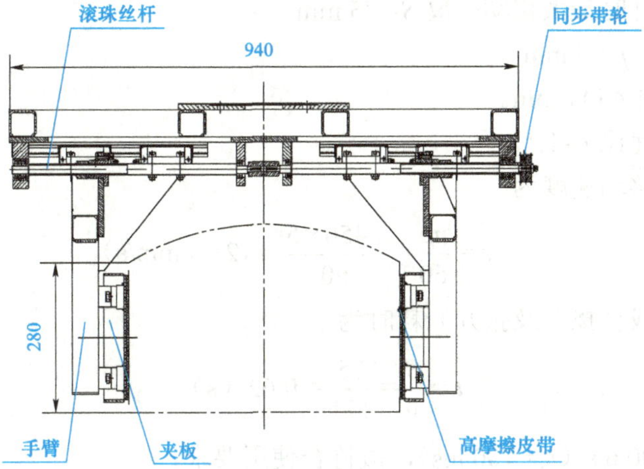

图 3-61　夹板式抓手夹取示意图

（1）计算夹取空调所需夹持力。

抓手夹取空调是因夹持力的作用使夹板与空调之间产生摩擦力，从而克服空调自身重力作用的过程，即

$$2\mu F \geqslant kmg$$

式中：2——夹持时两面摩擦力同时作用；

μ——摩擦系数（夹板上装有高摩擦皮带，高摩擦皮带采用橡胶制成，表面带横向平行纹理），取 μ=0.61（尼龙与橡胶的摩擦系数），见表 3-10；

F——抓手夹持力；

m——空调质量，m=50 kg；

g——重力加速度，取 g=9.8 m/s^2；

k——安全系数，取 k=2。

表 3-10　摩擦系数表

材料 A	材料 B	摩擦系数			
		干摩擦条件		润滑摩擦条件	
		静摩擦	滑动摩擦	静摩擦	滑动摩擦
尼龙	橡胶（横向平行纹理）	0.61	0.2	0.08	0.03

则夹持力最小应为

$$F = kmg/（2\mu）=2\times50\times9.8/（2\times0.61）=803.3（N）$$

（2）抓手手臂节拍（合拢用时和张开时间）校核。

节拍时间计算时取抓手手臂合拢用时 t_8=700 ms，抓手手臂张开用时 t_9=700 ms。

抓手夹紧松开运动基本参数如下。

夹板夹紧、松开时最大移动距离 $S=75$ mm。

滚珠丝杆导程：$p=5$ mm。

电机转速：$n=1\,450$ r/min。

同步带传动减速比 $i=1:1$。

则手臂及夹板移动速度为

$$v=\frac{np}{60}=\frac{1\,450\times5}{60}=121\text{（mm/s）}$$

手臂及夹板完成合拢（及张开）耗时为

$$t=\frac{S}{v}=\frac{75}{121}=0.62\text{（s）}$$

即 $t=620$ ms $<t_8=700$ ms（$t_9=700$ ms），故符合使用要求。

（3）计算电机负载转矩。

$$T=\frac{2Fp}{2\pi\eta}=\frac{2\times803.3\times5}{2\times3.14\times0.9}=1\,421\text{（N·mm）}$$

即 $T=1.42$ N·m。其中机械效率 $\eta=0.9$。

（4）计算电机功率。

$$P=\frac{Tn}{9\,550}=\frac{1.42\times1\,450}{9\,550}=0.216\text{（kW）}$$

（5）确定电机型号。

由此可确定电机型号为 Y71M1–4，功率为 0.25 kW，转速为 1 500 r/min。

2）抓手手臂计算

抓手手臂是机器人在夹取物料后运动过程中主要的受力零件，应有足够的强度和刚度，否则在机器人高速运动过程中可能出现空调脱落的情况。夹板式抓手手臂示意图如图 3–62 所示。

抓手手臂采用 50 mm × 50 mm × 3 mm 的方管作为承力件，材质为 Q235B，其型材截面图如图 3–63 所示。

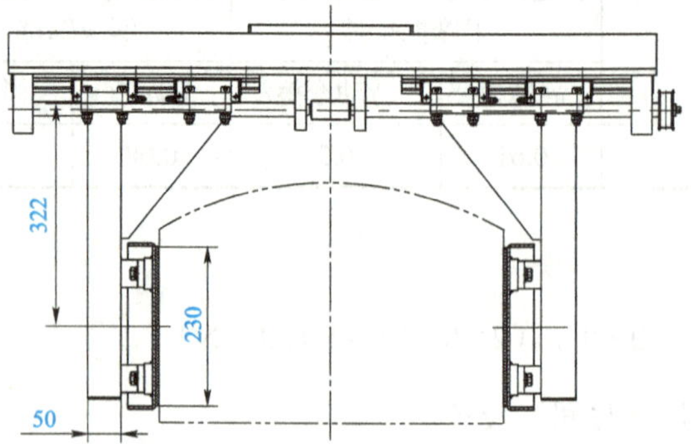

图 3–62　夹板式抓手手臂示意图

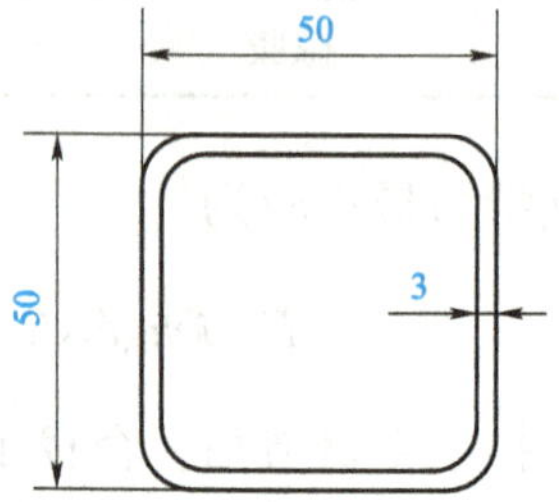

图 3–63　抓手手臂型材截面图

型材截面参数为：惯性矩 $I_x=19.463\ \text{cm}^4$，截面模数 $W_x=7.785\ \text{cm}^3$。

（1）手臂强度校核。

手臂强度校核图如图 3-64 所示。

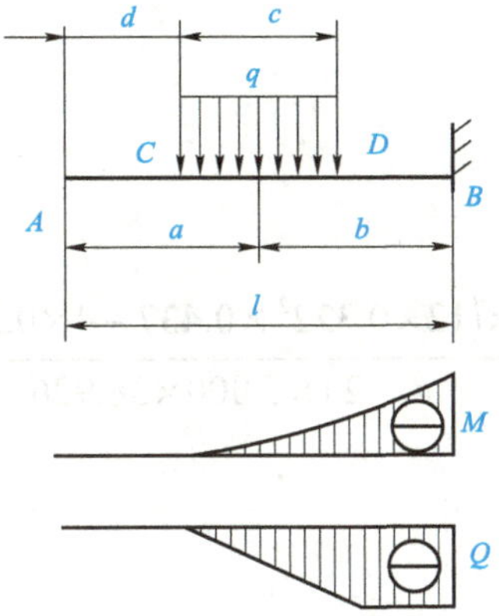

$M_B=qcb$

符号意义及单位：

M_B——B 点弯矩（N·m）

q——分布载荷（N/m）

b——如图所示（m）

c——如图所示（m）

图 3-64　手臂强度校核图

$c=230\ \text{mm}$，即 $c=0.23\ \text{m}$。

$b=322\ \text{mm}$，即 $b=0.322\ \text{m}$。

$q=F/c=803.3/0.23=3\,492.6$（N/m）。其中，$F$ 为夹持力，因有 2 个手臂，所以力取一半。

B 点弯矩 $M_B=qcb=3\,492.6\times0.23\times0.322=258.7$（N·m）。

B 点的应力 $\delta=\dfrac{M_B}{2W_x}=\dfrac{258.7}{2\times7.785}=16.6$（MPa）（式中 2 为一个手臂所用型材数量）。

Q235B 许用应力$[\delta]=113\ \text{MPa}>16.6\ \text{MPa}$，故手臂强度符合使用要求。

（2）手臂刚度校核。

手臂刚度校核图如图 3-65 所示。

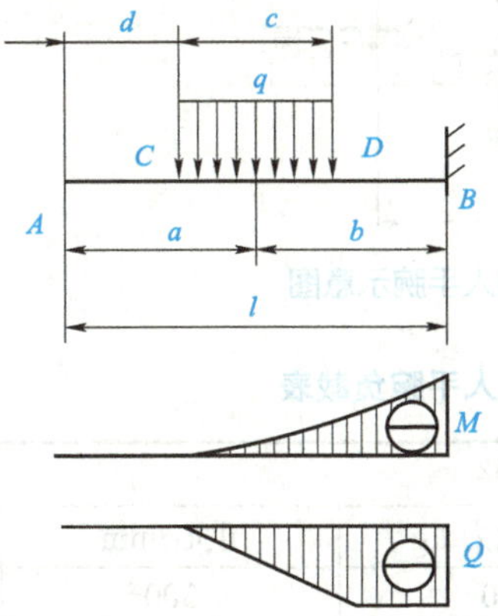

$$f_A=\frac{qc\left(12b^2l-4b^3+ac^2\right)}{24EI}$$

符号意义及单位：

f_A——A 点挠度（m）

q——分布载荷（N/m）

E——弹性模量（Pa）

I——截面的轴惯性矩（m^4）

l——如图所示（m）

a——如图所示（m）

b——如图所示（m）

c——如图所示（m）

图 3-65　手臂刚度校核图

q=3 492.6 N/m。

E=200 GPa。

I=19.463×2=38.926（cm^4）（式中 2 为一个手臂所用型材数量）。

l=322+115=437（mm），即 l=0.437 m。

a=115 mm，即 a=0.115 m。

b=0.322 m。

c=0.23 m。

A 点的挠度为

$$f_A=\frac{qc\left(12b^2l-4b^3+ac^2\right)}{24EI}=\frac{3\,492.6\times0.23\times\left(12\times0.322^2\times0.437-4\times0.322^3+0.115\times0.23^2\right)}{24\times2\,000\times38.926}$$

$$=0.000\,18\text{（m）}$$

即 f_A=0.18 mm。

故符合使用要求。

3）机器人手腕负载校核

如图 3-66 所示，抓手加空调的重心位置与机器人手腕摆动点的距离 L=550 mm，即 L=0.55 m；抓手加空调质量 m=50+70=120（kg）。

如表 3-11 所示，机器人手腕处扭矩 $T=mgL=120\times9.8\times0.55$ N·m=646.8 N·m<961 N·m，故符合使用要求。

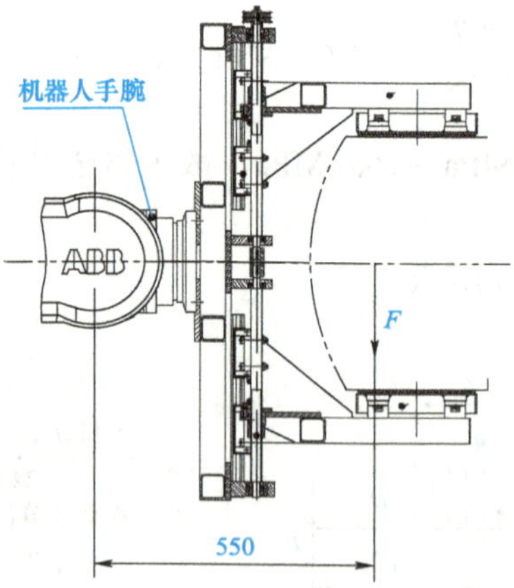

图 3-66　机器人手腕示意图

表 3-11　机器人手腕负载表

规格				
机器人型号（IRB）	工作范围/m	荷重能力/kg	重心/mm	手腕扭矩/（N·m）
6640-180	2.55	180	300	961
6640-235	2.55	235	300	1 324
6640-205	2.75	205	300	1 264

3.5.4　抓手二维方案图设计

设计抓手二维方案图，如图 3-67 所示。

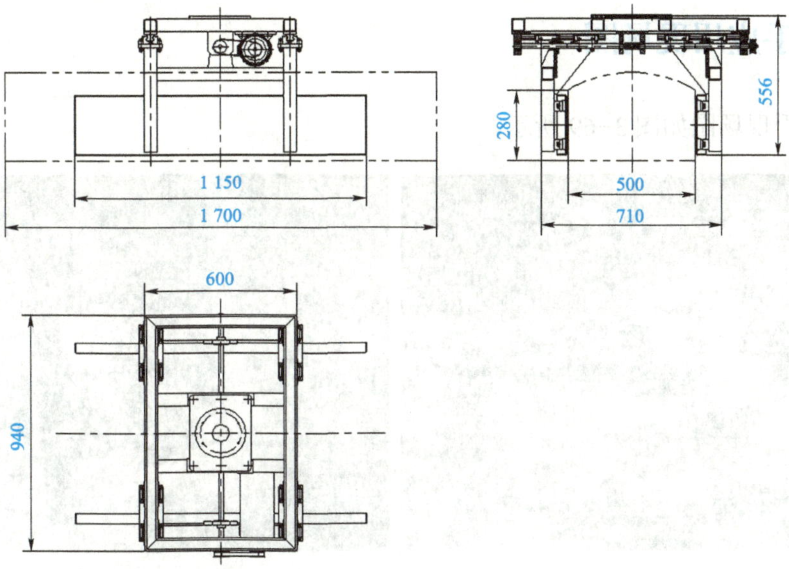

图 3-67　抓手二维方案图

3.5.5　抓手三维图设计

设计抓手三维图，如图 3-68 所示。

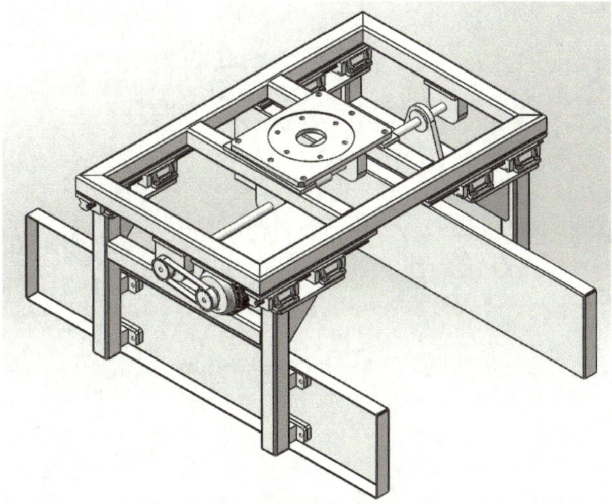

图 3-68　抓手三维图

3.5.6　工程图设计出图

参见图 A-4。

3.5.7　抓手应用现场图

抓手应用现场图如图 3-69 所示。

图 3-69　抓手应用现场图

第4章

机器人移动机构设计

4.1 机器人移动底座概述

1. 机器人移动式底座简介

目前随着产业升级及工业4.0等国家政策的发布与支持，各行业特别是装备制造行业更是借着这股东风，对自身进行升级改造。随着我国人口红利的逐渐消失及产业朝着中高端方向发展，自动化设备已逐渐成为各企业的共识及首选，工业机器人也开始得到普及应用，除了传统的固定式作业的工业机器人得到大量应用外，近年来移动式机器人也逐渐兴起，并呈现快速增长的现象。

在电子、食品等行业广泛应用的工业机器人通常是面向中小规格产品的生产制造，而在汽车、航空、船舶及风机等大尺度产品制造过程中将面临巨大的挑战。在工业制造过程中，大尺寸规格产品通常不便移动，采用专用、固定基座工业机器人的解决方案并不经济，因此，移动式工业机器人成为新途径。

与传统安装在固定座的工业机器人相比，同一台移动式工业机器人可以在多个不同的位置上完成同样的作业任务，所需的编程时间较短，能够提高机器人的工作效率和柔性。

面向大尺寸规格产品制造或跨生产线生产的移动式工业机器人的一种典型配置是将工业机器人系统安装在移动导轨上。根据安装位置的不同，该结构又可分为龙门式和地轨式。其中龙门式又可以分为侧挂式和底挂式。

工业机器人的精度是由地面参考系到末端执行器之间所有关节和连杆误差的积累所决定的。轨道式配置构造通常会受到工作载荷及结构受力等因素的困扰，造成结构变形并进一步影响加工精度。轨道变形具有随机性，对位置精度补偿也会造成很大的困难。因此，轨道的选择与制造也是非常重要的一环。

配上移动底座，机器人可用于零部件搬运、装配、喷涂、喷砂、无损检测等表面处理工作，以及焊接、铆接，核应用、生物、化工等环境下的生产制造等应用。

总体来说，机器人所配用的移动底座，相当于给机器人增加了一条轴，使机器人的工作范围得到了极大的扩展。

2. 机器人移动式底座的性能要求

因为工作节拍要求较快，机器人的移动速度也要相应比较快，同时需将物料精确地放置到（输送线的）工装位上，所以要求底座既可以在轨道上快速移动又需要在快速移动的同时保持稳定。

4.2 移动式底座机构设计

4.2.1 移动式底座的基本要求

（1）工作位置数：4；

（2）工位间距：1.45 m；

（3）重复定位精度：±0.5 mm；

（4）前端来料：8 件/min；

（5）物料质量：10 kg；

（6）行走机构速度：v=1.8 m/s；

（7）负载：900 kg；

（8）行走机构自重：100 kg；

（9）采用龙门架侧挂式，总长 L=6 m，$L_{线}=S$=1.45 m。

4.2.2 移动式底座安装形式的选择及其结构

1. 移动式底座的作用

移动式底座的主要作用是带着机器人在不同（输送线的）工位之间来回移动，使机器人能在多个不同的工位进行作业。

2. 移动式底座的安装形式

根据安装位置的不同，移动式底座安装形式可分为龙门式（侧挂式和底挂式）和地轨式。

本节案例选择侧挂式，即将移动式底座通过安装板固定在移动机构上，移动机构带着移动式底座和机器人侧挂在横梁上，并通过驱动机构进行直线往复运动。

3. 机器人与移动式底座的选择

选择时应注意机器人与移动式底座相匹配，下面通过其立面图设计进行说明，机器人与移动式底座工作示意图如图 4-1 所示。

图 4-1 中，底座采用移动式，龙门架总高 2 300 mm，输送机距地面 620 mm；移动式底座中心距输送面 1 530 mm，移动式底座带着机器人在 4 条输送线的分选生产线上来回移动。4 条输送线和机器人衔接的立面布局如图 4-2（a）所示，平面布局如图 4-2（b）所示，该布局使机器人能在 4 个不同的工位进行作业，其中前端 3 种不同的物料经 2 号线输送过来，通过视觉识别出不同物料，自动安排机器人将物料搬运到对应的输送线上，并精确地将物料放在输送线上的定位夹具内。机器人在抓取过程中，输送机不停机，机器人需要跟随抓取，其臂展约需 2 m。

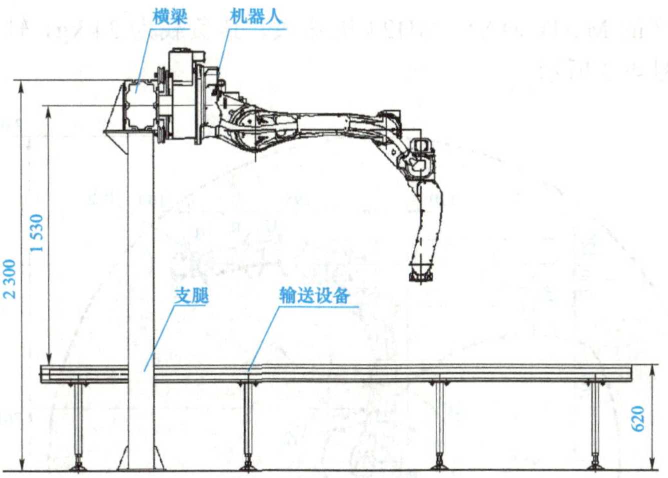

图 4-1　机器人与移动式底座工作示意图

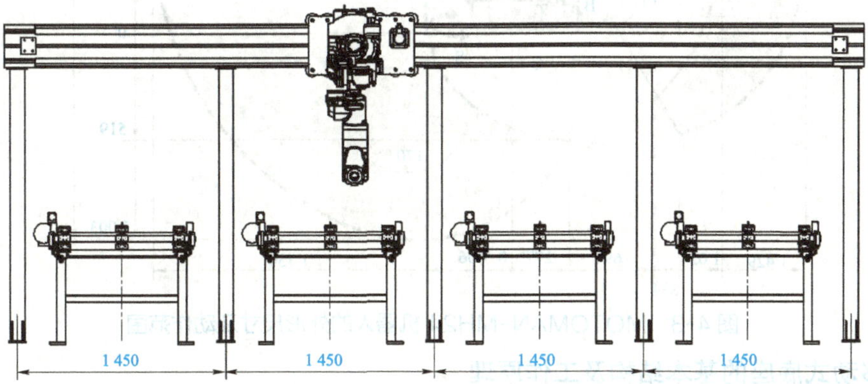

（a）立面布局

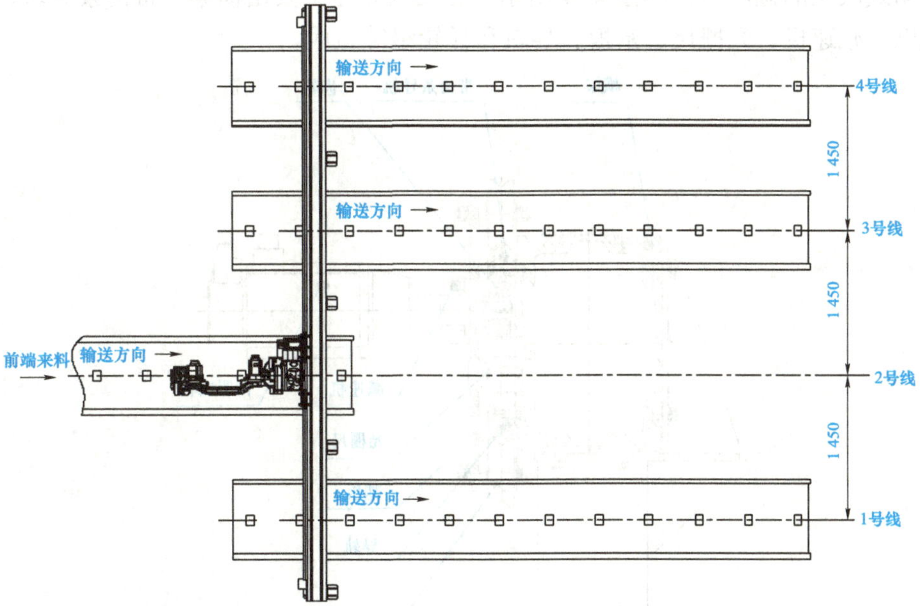

（b）平面布局

图 4-2　4 条输送线和机器人衔接的立面布局和平面布局

选择安川生产的 MOTOMAN–MH24 机器人，其负载为 24 kg，轴数为 6 轴，外形尺寸及动作范围如图 4–3 所示。

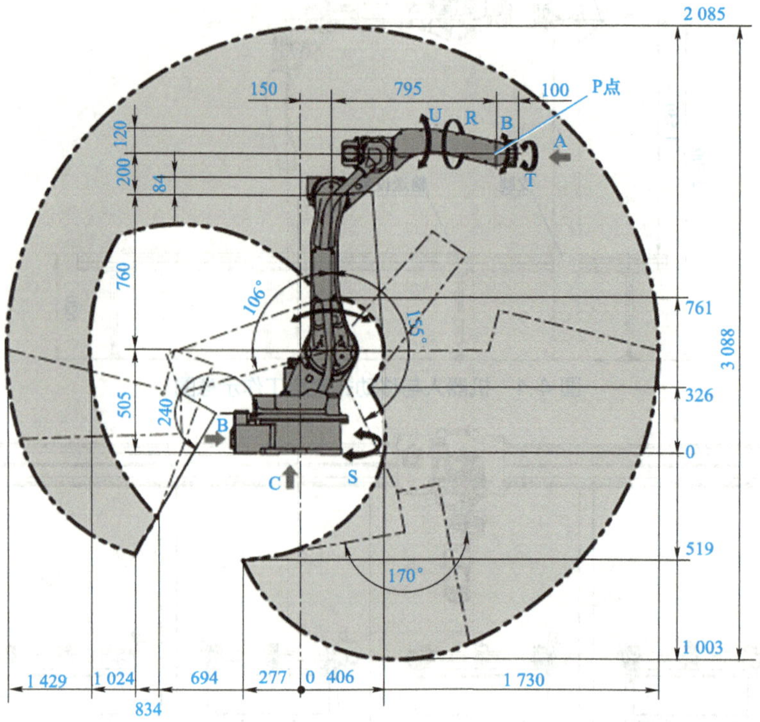

图 4–3　MOTOMAN–MH24 机器人的外形尺寸及动作范围

4. 移动式底座的基本结构及工作原理

移动式底座的截面结构如图 4–4 所示，移动式底座主要由横梁、带齿条导轨、齿轮、伺服电机、减速机、光栅尺、基板、导轨和托轮组等组成。

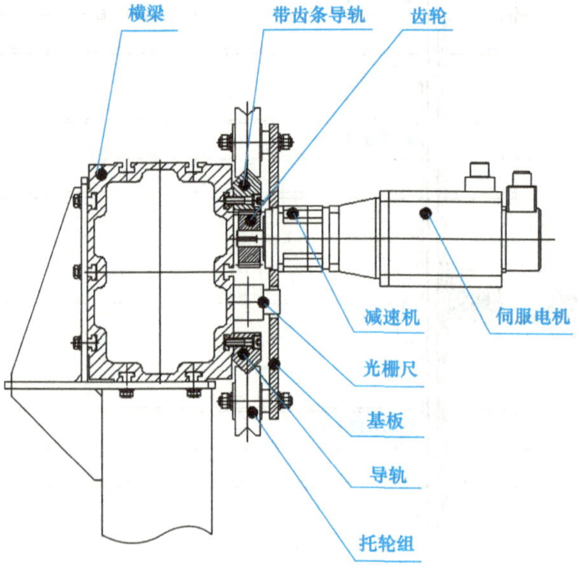

图 4–4　移动式底座的截面结构图

（1）横梁是主要承重件，带齿条导轨和导轨通过螺栓安装在横梁上。

（2）托轮组、减速机及机器人安装在基板上。

（3）伺服电机与减速机直联，伺服电机驱动减速机转动，减速机上的齿轮与齿条啮合，使安装在基板上的附件一起做直线运动。

（4）光栅尺在行走机构移动时通过记录栅格数量，实现精确定位。

4.2.3　移动式底座机构设计计算

1. 方案图及时序节拍时间计算

表 4–1、表 4–2 分别为时序表、机械手规格。对表 4–1、表 4–2 进行动作和用时分析。

（1）从原点到抓取位上方用时。

L 轴转动 50° 左右，U 轴转动 30° 左右，B 轴转动 10° 左右，故

$$t_L=[(50/190)/0.8]\times 1\,000=329\ (\mathrm{ms})$$
$$t_U=[(30/210)/0.8]\times 1\,000=179\ (\mathrm{ms})$$
$$t_B=[(10/410)/0.8]\times 1\,000=30\ (\mathrm{ms})$$

式中，0.8 为机器人启动 80%的速度。因三轴同时运动，所以 $t_1=t_L=329$ ms。

（2）从抓取位上方到抓取位用时：$t_2=150$ ms。

（3）抓取物料用时：$t_3=150$ ms。

（4）抓取后提升至上方用时：$t_4=150$ ms。

（5）回原点用时 t_5。

L 轴转动 50° 左右，U 轴转动 30° 左右，B 轴转动 10° 左右，故

$$t_L=[(50/190)/0.8]\times 1\,000=329\ (\mathrm{ms})$$
$$t_U=[(30/210)/0.8]\times 1\,000=179\ (\mathrm{ms})$$
$$t_B=[(10/410)/0.8]\times 1\,000=30\ (\mathrm{ms})$$

式中，0.8 为机器人启动 80%的速度。因三轴同时运动，所以 $t_5=t_L=329$ ms。

（6）从原点到最远工位（工位 4）用时：$t_6=2.9/1.8=1.611$（s），即 $t_6=1\,611$ ms。

（7）在工位 4，从原点到投放位置上方用时：$t_7=t_1=329$ ms。

（8）从投放位上方到投放位用时：$t_8=150$ ms。

（9）投放物料用时：$t_9=150$ ms。

（10）投放后提升至投放位上方用时：$t_{10}=150$ ms。

（11）回原点用时：$t_{11}=t_1=329$ ms。

（12）从工位 4 回至工位 2 用时：$t_{12}=2.9/1.8=1.611$（s），即 $t_{12}=1\,611$ ms。考虑到加减速时间因素，且运动并非全程匀速，取 $t_2=1\,933$ ms。

表 4-1　时序表

	动作顺序		时间/ms											
			0~329（329）	330~479（150）	480~629（150）	630~779（150）	780~1 108（329）	1 109~3 041（1 933）	3 042~3 370（329）	3 371~3 520（150）	3 521~3 670（150）	3 671~3 820（150）	3 821~4 149（329）	4 150~6 082（1 933）
1	机器人动作	从原点到抓取位上方	▇											
2		由抓取位上方到抓取位		▇										
3		抓取物料			▇									
4		提升至上方				▇								
5		回原点					▇							
6	行走机构	从原点到最近工位						▇						
7	机器人动作	从原点到投放位上方							▇					
8		由投放位上方到投放位								▇				
9		投放物料									▇			
10		回到投放位上方										▇		
11		回原点											▇	
12	行走机构	回原位												▇

表 4-2　机械手规格

项目		规格
名称		MOTOMAN-MH24
型号		YR-MH00024-A00
构造		垂直多关节（6 自由度）
可搬质量		24 kg
重复定位精度		±0.06 mm
动作范围	S 轴（回旋）	−180° ～+180°
	L 轴（下臂）	−106° ～+155°
	U 轴（上臂）	−170° ～+240°
	R 轴（手臂回旋）	−200° ～+200°
	B 轴（手臂摆动）	−150° ～+150°
	T 轴（手臂回转）	−455° ～+455°
最大速度	S 轴（回旋）	3.44 rad/s，197° /s
	L 轴（下臂）	3.32 rad/s，190° /s
	U 轴（上臂）	3.67 rad/s，210° /s
	R 轴（手臂回旋）	7.16 rad/s，410° /s
	B 轴（手臂摆动）	7.16 rad/s，410° /s
	T 轴（手臂回转）	10.82 rad/s，620° /s

2. 移动式底座执行机构基本参数计算

（1）工位间距 S=1 450 mm。

（2）从前一个工位到后一个工位所需时间 t=1.5 s，其中加速时，t_a=0.3 s；匀速时，t_b=1 s；减速时，t_c=0.2 s。

（3）参加横移的机构总重 m=1 000 kg。

（4）横向行走采用齿轮与齿条传动，齿轮分度圆直径 d=72 mm。

（5）托轮组轴承摩擦系数μ=0.05。

3. 移动式底座执行机构工位时间校核

经过时序表可以看出，完成一次分选需要 12 个动作，完成一个动作切换到下个动作需等待 200 ms。完成 12 个动作需要等待时间 $T_{d1}=12\times100=1\ 200$ ms，故完成一次分选用时：

$$
\begin{aligned}
T&=t_1+t_2+t_3+t_4+t_5+t_6+t_7+t_8+t_9+t_{10}+t_{11}+t_{12}+T_{d1}\\
&=329+150+150+150+329+1\ 933+329+150+150+150+329+1\ 933+1\ 200\\
&=7\ 282\text{（ms）}
\end{aligned}
$$

1 min 能处理数量为 60×1 000/7 282=8.2（个）>8 个（前端来料数量），故满足要求。

4. 移动式底座执行机构动力参数计算

1）计算电机转子惯量 J_m

初定电机额定转速 n=2 000 r/min，减速比 i=4，则角速度 $\omega=2\pi n/60=209$（rad/s）。

行走速度 V=（$nd\pi/4$）/60=1 884（mm/s），即 V=1.884 m/s。

负载惯量 $J_L=m\times(V/\omega)^2=1\,000\times(1.884/209)^2=81.3\times10^{-4}$（kg・m²）。

允许负载惯量为电机转子惯量 J_m 的 5 倍以下，即 $J_L<5J_m$，则

$$J_m>J_L/5=16.26\times10^{-4}\ \text{kg}\cdot\text{m}^2$$

查电机参数（见表 4-3），选取西门子伺服电机 1FL6067-1AC，电机转子惯量 $J_m=31\times10^{-4}$ kg・m²，满足以上要求。

表 4-3　电机参数

技术数据							
订货号 1FL6	042-1AF	044-1AF	061-1AC	062-1AC	064-1AC	066-1AC	067-1AC
轴高/SH	45		65				
额定功率/kW	0.40	0.75	0.75	1.00	1.50	1.75	2.00
马力/HP	0.54	1.02	1.02	1.36	2.04	2.38	2.72
额定扭矩/（N・m）	1.27	2.39	3.58	4.78	7.16	8.36	9.55
额定速度/（r/min）	3 000		2 000				
最大扭矩/（N・m）	3.8	7.2	10.7	14.3	21.5	25.1	28.7
最大速度/（r/min）	4 000		3 000				
额定电流/A	1.2	2.1	2.5	3.0	4.6	35	5.9
最大电流/A	3.6	6.3	7.5	9.0	13.8	15.9	17.7
扭矩常数/（N・m/A）	1.7	1.2	1.5	1.7	1.6	1.7	1.7
惯量/（10^{-4}kg・m²）（带抱闸）	2.7（3.2）	5.2（5.7）	8.0（9.1）	11.7（13.5）	15.3（16.4）	22.6（23.7）	29.9（31.0）

查减速机参数（见表 4-4），选择减速机型号为品宏行星减速机 DH150-L1-4。

表 4-4　减速机参数

规格	段数	减速比	DH042	DH060	DH080	DH090	DH120	DH150
额定输出扭矩/（N・m）	1	3	17	40	115	140	260	500
		4	24	50	135	168	306	660
		5	23	44	132	166	292	630
		7	21	42	126	155	285	610
		10	17	40	115	140	260	500

续表

规格	段数	减速比	DH042	DH060	DH080	DH090	DH120	DH150
额定输出扭矩/（N·m）	2	9	17	40	115	140	260	500
		12	17	40	115	140	260	500
		15	17	40	115	140	260	500
		16	24	50	135	168	306	660
		20	24	50	135	168	306	660
		21	17	40	115	140	260	500
		25	23	44	132	166	292	630
		28	21	42	126	155	285	610
		30	17	40	115	140	260	500
		35	21	42	126	155	285	610
		40	24	50	135	168	306	660
		49	21	42	126	155	285	610
		50	23	44	132	166	292	630
		70	21	42	126	155	285	610
	3	100	23	44	132	166	292	630
瞬间最大输出扭矩/（N·m）	1.2.3	3～100	3 倍额定输出扭矩					
背隙/（rad/min）	1	3～10	≤10	≤10	≤10	≤10	≤10	≤10
	2	9～70	≤12	≤12	≤12	≤12	≤12	≤12
额定输入转速/（r/min）	1.2.3	3～100	5 000	5 000	4 000	4 000	4 000	3 000
质量/kg	1	3～10	0.4	1.1	2.6	3.2	6.6	16.3
	2	9～70	0.7	1.4	3.4	4.3	8.5	20.7
扭转刚性/［N·m/（r/min）］	1.2.3	3～100	0.8	2.1	5	7	15	30
容许径向力/N①			500	1 100	1 400	1 600	5 000	10 000
容许轴向力/N①			250	550	700	800	2 500	5 000
噪声值/dB②			56	58	60	60	63	65
使用寿命/h③			20 000					
满载时使用效率/%	1	3～10	≥97					
	2	9～70	≥94					
使用温度范围/℃	1.2.3	3～100	−15～+90℃					
防护等级			IP64					
润滑油			人工合成润滑油					

续表

规格	段数	减速比	DH042	DH060	DH080	DH090	DH120	DH150
惯量/（kg·cm²）	1	3	0.031	0.135	0.77	0.92	2.63	12.14
		4	0.022	0.093	0.52	0.62	1.79	7.78
		5	0.019	0.078	0.45	0.54	1.53	6.07
		7	0018	0.072	0.42	0.50	1.41	5.73
		10	0.016	0.064	0.39	0.47	1.30	5.28
	2	9	0.030	0.131	0.74	0.89	2.62	12.02
		12	0.029	0.127	0.72	0.86	2.56	12.00
		15	0.028	0.123	0.71	0.85	2.50	11.96
		16	0.022	0.088	0.50	0.60	1.75	7.47
		20	0.019	0.075	0.44	0.53	1.50	6.65
		21	0.026	0.112	0.64	0.77	2.18	10.08
		25	0.019	0.075	0.44	0.53	1.49	5.81
		28	0.017	0.071	0.42	0.50	1.40	5.56
		30	0.016	0.063	0.38	0.46	1.29	5.25
		35	0.017	0.070	0.41	0.49	1.37	5.50
		40	0.016	0.064	0.39	0.47	1.30	5.28
		49	0.017	0.070	0.41	0.49	1.37	5.50
		50	0.016	0.063	0.39	0.47	1.29	5.12
		70	0.016	0.063	0.38	0.46	1.27	5.07
	3	100	0.019	0.075	0.44	0.53	1.49	5.81

注：① 当输出转速为 100 r/min 时，负载作用于输出轴中心位置。

② 当减速比越小或转速越高时，噪声值越大（3 000 r/min，无负载，减速比=10）。

③ 减速运转使用寿命为 10 000 h。

2）验算电机额定扭矩和最大输出扭矩

（1）核算行走机构的轴承摩擦力。

已知轴承摩擦系数 $\mu_1=0.002$，上托轮组数量为 6，则

$$\mu=n_{托轮}\cdot S_{安}\cdot\mu_1=6\times5\times0.002=0.06$$

式中，$S_{安}$ 为由于生产中的偏差所取的安全系数，取 $S_{安}=5$。

行走机构的轴承摩擦力 $F=mg\mu=1\,000\times10\times0.06=600$（N），取 $g=10$ m/s²。

（2）计算负载扭矩。

$$T_L=\frac{Fd}{2\eta i}=\frac{600\times 72}{2\times 0.9\times 4}=6\,000\ (\text{N}\cdot\text{mm}),\ 即\ T_L=6\ \text{N}\cdot\text{m}$$

式中：F——工作台与导轨摩擦力；

d——齿轮分度圆；

η——传动效率；

i——减速比。

（3）核算加减速扭矩。

加速扭矩 T_A 为

$$T_A=\frac{2\pi n(J_m+J_L+J_1)}{60t_a}=\frac{2\times 3.14\times 2\,000\times(31\times 10^{-4}+81.2\times 10^{-4}+9.1\times 10^{-4})}{60\times 0.3}=8.46\ (\text{N}\cdot\text{m})$$

式中：n——电机转速；

J_m——电机惯量；

J_L——负载惯量；

J_1——减速机惯量。

减速扭矩 T_C 为

$$T_C=\frac{2\pi n(J_m+J_L+J_1)}{60t_c}=\frac{2\times 3.14\times 2\,000\times(31\times 10^{-4}+81.2\times 10^{-4}+9.1\times 10^{-4})}{60\times 0.2}=12.7\ (\text{N}\cdot\text{m})$$

式中：n——电机转速；

J_m——电机惯量；

J_L——负载惯量；

J_1——减速机惯量。

（4）计算瞬时最大扭矩。

加速时：$T_a=T_A-T_L=8.46-6=2.46$（N・m）。

均速时：$T_b=T_L=6$ N・m。

减速时：$T_c=T_C+T_L=12.7+6=18.7$（N・m）。

（5）计算实效扭矩。

$$T_{ms}=\sqrt{\frac{T_a^2t_a+T_b^2t_b+T_c^2t_c}{t_a+t_b+t_c}}=8.48\ \text{N}\cdot\text{m}$$

所选西门子电机的额定扭矩 $T_m=9.55$ N・m$>T_{ms}$，合格。

伺服电机最大输出扭矩 $T_{max}=28.7$ N・m。

实际瞬时最大扭矩 $T_c=18.7$ N・m$<T_{max}\times 80\%=22.96$ N・m，合格。

3）验算各阶段时间及行程

加速段行程 $S_a=\frac{Vt_a}{2}=\frac{1.884\times0.3}{2}=0.282\,6$（m），即 S_a=282.6 mm。

减速段行程 $S_c=\frac{Vt_c}{2}=\frac{1.884\times0.2}{2}=0.188\,4$（m），即 S_c=188.4 mm。

匀速段行程 $S_b=V t_b$=1.884 m，即 S_b=1 884 mm。

总行程 $S=S_a+S_b+S_c$=2 355（mm），即 S=2.355 m>1.45 m，符合要求。

4）齿轮、齿条设计及核算

移动机构采用齿轮与齿条传动，为开式传动，从速度要求中确定了齿轮分度圆直径 d=72 mm。设定模数 m=3，齿数 z=24，齿宽 B=30 mm，即 B=3 cm。

因为齿轮通过减速机与电机直联，所以齿轮转矩

$$M_{齿}=T_{额}\cdot n=9.55\times4=38.2\ (\mathrm{N\cdot m})$$

式中：$T_{额}$——电机额定转矩；

n——减速比。

根据以下公式估算齿轮法向模数：

$$m_n\geqslant\sqrt[3]{\frac{2KT_{额}Y_{FS}}{\psi_d Z_1^2\sigma_{FP}}}$$

$$Y_{FS}=Y_{Fa}\times Y_{Sa}$$

式中：K——载荷系数，一般取 1.2～2.0；

$T_{额}$——齿轮传递的额定扭矩，N · mm；

Y_{FS}——复合齿形系数；

Y_{Fa}——齿形系数；

Y_{Sa}——应力修正系统；

ψ_d——齿宽系数，一般取 0.5～1.2；

Z_1——齿轮齿数；

σ_{FP}——许用弯曲应力，MPa。

取 $K=1.5$，$Y_{FS}=Y_{Fa}\times Y_{Sa}=1.9\times1.4=2.66$（$Y_{Fa}=1.9$，$Y_{Sa}=1.4$），$\psi_d=0.8$，$\sigma_{FP}=0.7\,\sigma_{FP}=0.7\times270=189$（MPa），将数值代入公式可得

$$m_n\geqslant\sqrt[3]{\frac{2KM_{齿}Y_{FS}}{\psi_d Z_1^2\sigma_{FP}}}=\sqrt[3]{\frac{2\times1.5\times38.2\times2.66}{0.8\times24^2\times189}}=0.15$$

m_n=0.15<3（设定值），满足要求。

5. 主要零部件设计计算

1）V 形轴承核算

许多系统使用的并不是标准承载滑座，此时有必要使用常规静力学计算方法，将载荷分解为轴向分力 L_A 和径向分力 L_R 来确定系统中各个轴承上的载荷，如图 4–5 所示。表 4–5 给出了所有类型 Hepco HDS2 V 形轴承的最大载荷能力，其中包括“无润滑”和“已

润滑”情况下的载荷能力。由于所有轴承均为内部全期润滑型，这里的润滑指的是 V 形接触面的润滑。表 4–5 中各值均为在无振动作业情况下得出。

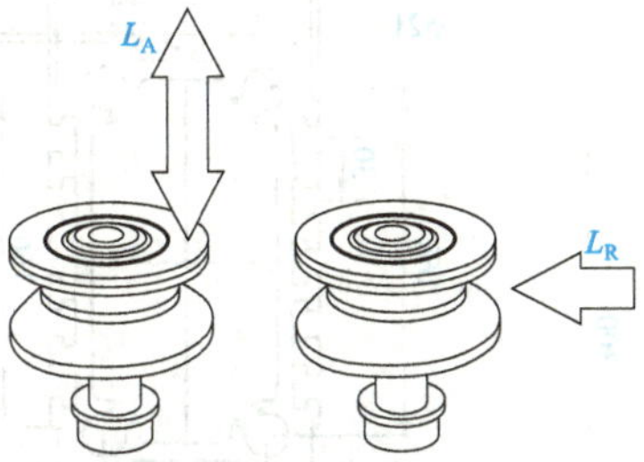

图 4–5　轴承载荷分解

表 4–5　轴承参数表

轴承部件号	无润滑			已润滑		
	L_A（最大）/ N	L_R（最大）/ N	基本寿命/ km	L_A（最大）/ N	L_R（最大）/ N	基本寿命/km
..HJR64	2 500	8 000	300	2 500	8 000	500
..HJR95	7 000	20 000	400	7 000	20 000	400
..HJR120	—	—	—	10 000	30 000	700
..HJR128	10 000	30 000	500	10 000	30 000	700
..HJR150	—	—	—	17 000	50 000	2 000

移动式底座上有 6 组 HJR95 的 V 形轮，数量为 12 个（见图 4–2）；取负载重心到导轨中心距离 $L_1=800$ mm，$L_2=320$ mm（图 4–2），则

$$M_{负}=GL_1=mgL_1=1\,000\times9.8\times0.8=7\,840\text{（N·m）}$$

$$M_{轮}=n_{轮}L_AL_2/2=1\,120\,n_{轮}$$

根据 $M_{负}=M_{轮}$，则 $n_{轮}=7<12$，符合要求。

2）横梁选型核算

参考 Hepco 样本，选取构造梁 HB33，其结构参数如图 4–6 所示。

截面惯性矩 $I_x=16.9\times10^7$ mm^4，即 $I_x=1.69\times10^4$ cm^4，$y=300$ mm。则

$$W_x=I_x/(y/2)=1\,126.7\text{ cm}^3$$

$$M=PgL/4=1\,000\times9.8\times6/4=1\,4700\text{（N·m）}$$

$$\sigma=M/W_x=14\,700/1\,126.7=13.05\text{（MPa）}$$

扰度

$$f_{铝}=PL_{线}^3/48E_{铝}/I_{铝}$$

$$=10\times1\,450^3/\text{（}48\times70\times16.9\times10^7\text{）}$$

$$=0.054\text{（mm）}$$

式中：$P=1\,000$ kg；$L_{线}=1.450$ m；$E_{铝}=70$ GPa；$I_{铝}=16.9\times10^7$ mm^4。

由于 $f_{铝}<L/2\,000=0.725$ mm，故符合要求。

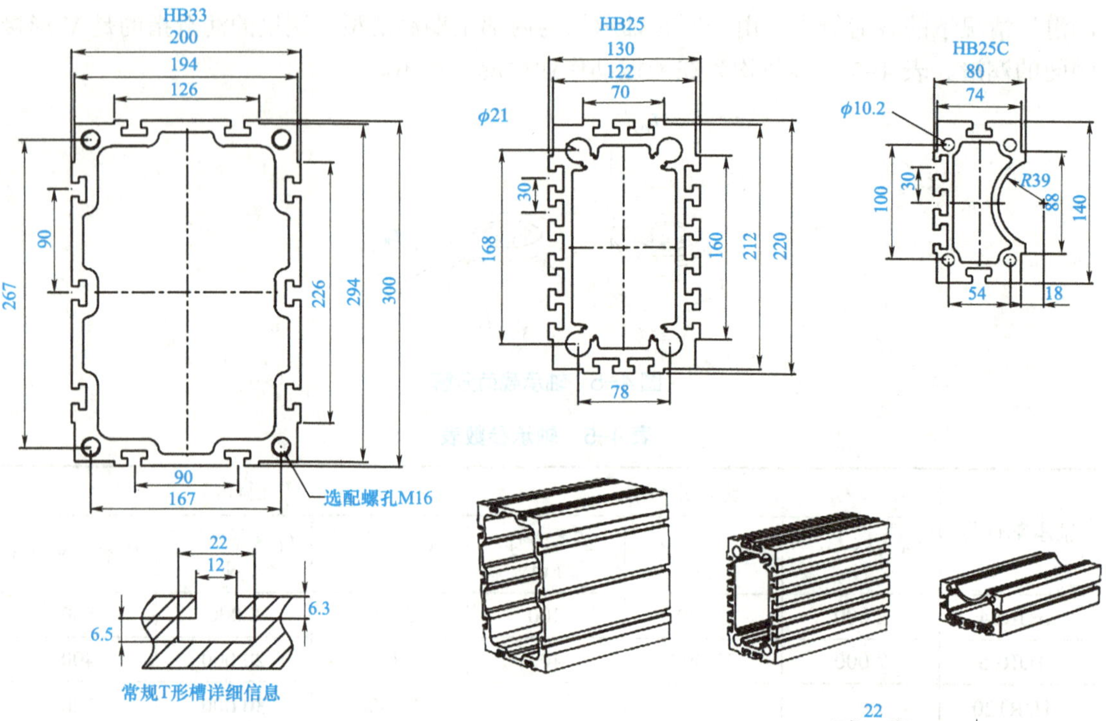

梁	截面惯性矩		线密度/(kg/m)
	垂直X–X	水平Y–Y	
HB25C	2.8×10^6	16.2×10^6	11.3
HB25	4.7×10^7	1.8×10^7	24
HB33	16.9×10^7	8.4×10^7	37.5
第二次转动力矩取值，单位为mm^4			

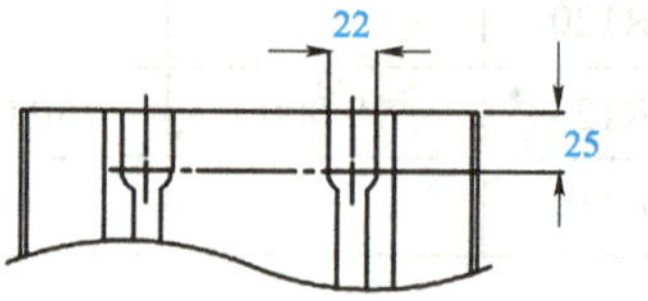

图 4–6　横梁结构参数

4.2.4　移动式底座二维方案图设计

移动式底座二维方案图尺寸及设备标识如图 4–7 所示，总长为 6 m，其中输送线各工位间距为 1.45 m。

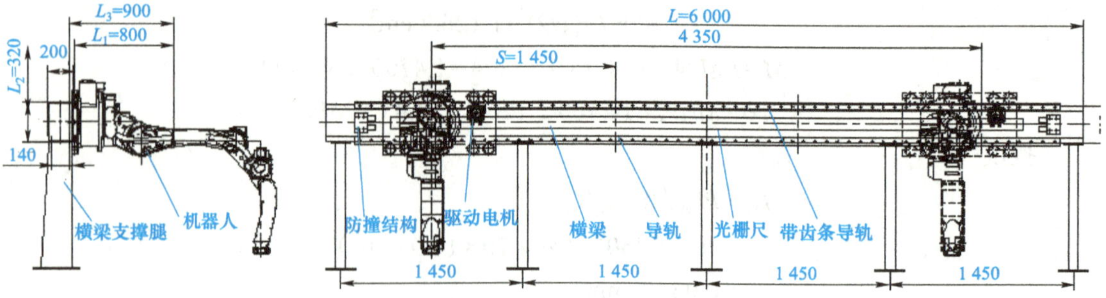

图 4–7　移动式底座二维方案图尺寸及设备标识

4.2.5　移动式底座三维图设计

利用三维软件进行建模，移动式底座三维图（轴测视角）如图 4-8 所示。

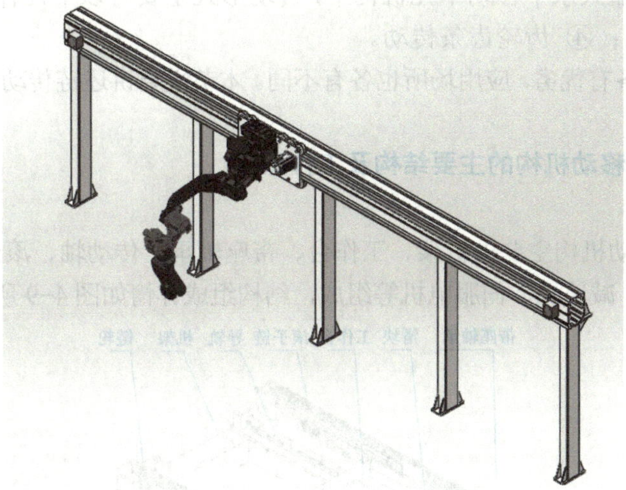

图 4-8　移动式底座三维图（轴测视角）

4.2.6　工程图设计

参见图 A-5。

4.3　水平移动机构设计

4.3.1　水平移动机构输入条件

1. 水平移动机构的用途

本节所述水平移动机构主要应用在直角坐标机器人中，其主要作用是带动机械手做水平轴向运动，在运动过程中需要动作平稳、定位精确。目前市场上普遍采用伺服电机进行控制。

2. 水平移动机构的性能要求

主要技术参数：① 工作行程 $S=900$ mm；② 工作时间 $t=1.5$ s；③ 加速度 $a=0.25g$；④ 水平移动机构总重 $m=200$ kg。

在直角坐标机器人中，水平移动机构沿水平方向做轴向往复运动，带动机械手对物件进行抓取、搬运、装配、放置，因此水平移动机构需要快速启停，定位精准，移动快速并且平稳。

4.3.2 传动形式选择

1. 传动形式的种类

在直角坐标机器人水平移动单元机构中，传动形式主要有以下几种：① 链传动；② 带传动；③ 丝杆传动；④ 齿轮齿条传动。

以上传动形式各有优劣，应用场所也各有不同。本节主要讲述链传动形式的水平移动单元机构。

2. 链传动水平移动机构的主要结构及工作原理

1）主要结构

链传动水平移动机构主要由机架、工作台、带座轴承、传动轴、滚子链、链条连接板、滑块、导轨、链轮、减速机、伺服电机等组成，结构组成详情如图 4-9 所示。

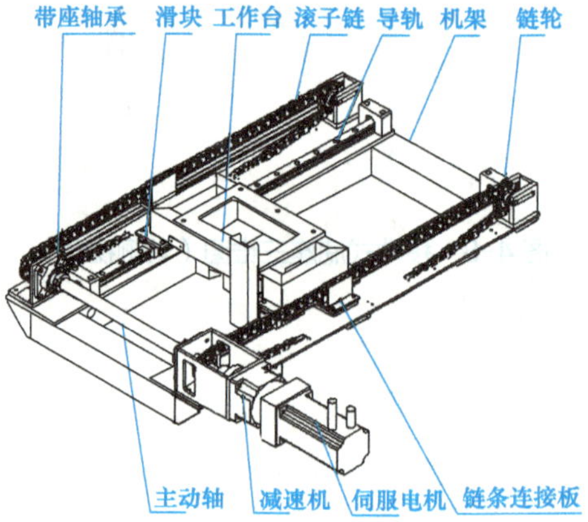

图 4-9 链传动水平移动机构结构图

2）工作原理

导轨、滑块、带座轴承安装在机架上，工作台安装在滑块上，可以自由沿导轨直线方向滑动；传动轴安装在带座轴承上，链轮安装在传动轴上，可以自由转动；通过链条连接板将工作台与滚子链链条连接起来；电机转动带动链轮转动从而使工作台做直线运动。

3. 链传动水平移动机构的基本参数

（1）工作行程时间 $t=1.5$ s，其中加速时 $t_a=0.3$ s，匀速时 $t_b=1$ s，减速时 $t_c=0.2$ s。

（2）采用 10B 精密滚子链链条传动，滚子链节距 $p=15.875$ mm。

（3）链轮齿数 $Z=17$，链轮分度圆直径 $d=86.4$ mm。

（4）线性导轨摩擦系数 $\mu=0.05$。

（5）传动机构中心距设定 $a_0=1\,700$ mm。

4.3.3 链传动水平移动机构设计计算

1. 链传动水平移动机构的工作节拍

链传动水平移动机构的运动比较简单：在得到指令后，水平移动机构开始启动加速运行，到达一定速度后保持匀速运动，匀速运行一段时间后，开始减速直至停止，在其他执行机构完成相关指令后，将会反向启动加速运动、匀速运动、减速停止并返回至初始位等待下一次周期运行，其工作节拍及时序见表 4–6。

表 4–6　链传动水平移动机构的工作节拍及时序表

序号	动作	时间/s	加速度/ (m/s^2)	速度/ (m/s)	时序/s								
						0.3	1.3	1.5		0.3	1.3	1.5	
0	准备	0											
1	启动加速运行	0.3	2.5										
2	匀速运动	1		0.75									
3	减速停止	0.2	3.75										
4	等待其他执行机构动作完成												
5	启动加速运行返回	0.3	2.5										
6	匀速运动	1		0.75									
7	减速停止	0.2	3.75										
8	等待准备												

2. 伺服电机的选择及校核

1）电机转子惯量核算

初定电机额定转速 $n=2\,000$ r/min，减速比 $i=10$，则输出转速 $n_{输}=2\,000/10=200$(r/min)，输出角速度 $\omega=2pn_{输}/60=20.9$ （rad/s）。

行走速度 $V=$（$nd\pi/10$）/60=904 （mm/s），即 $V=0.9$ m/s。

负载惯量 $J_L=m\times\left(\dfrac{V}{i\omega}\right)^2=200\times\left(\dfrac{0.9}{10\times20.9}\right)^2=37.1\times10^{-4}$（kg・m²）。

允许负载惯量为电机转子惯量 J_m 的 5 倍以下，即 $J_L<5J_m$，则 $J_m>J_L/5=7.42\times10^{-4}$ kg・m²。

2）电机额定扭矩和最大输出扭矩核算

（1）电机轴的负载扭矩和功率核算。

10B 精密滚子链参数如下：节距 $p=15.875$ mm，滚子直径 $d_1=10.16$ mm，内节内宽 $b_1=9.65$ mm，销轴直径 $d_2=5.08$ mm，链板高度 $H_2=14.73$ mm，总宽 $L=19.6$ mm，单位长度重量 $q=1$ kg/m。

直线导轨摩擦系数 μ 理论上为 0.01～0.02，但实际应用中考虑到安装平行度、为消除间隙采取的预紧、加珠器曲线失真、内外滚道一致性等因素的不可控性，其实际值常常大于理论值，取 $\mu=0.05$。

工作台与导轨之间的摩擦力 $f=mg\mu=200\times9.8\times0.05=98$（N）。

水平运动时最不利的工作状态为从静止启动到加速提升阶段，故仅对该阶段动力参数

进行计算，所需拉力 F 为

$$F=ma+f+f_{链}=200\times0.25\times9.8+98+10.5=598.5\text{（N）}$$

$$f_{链}=q_0L\mu\cos\beta$$

$$\mu=C_0\text{（}2k+\mu_1d\text{）}/D$$

式中：q_0——链条线载荷，$q_0=2\times1$（kg/m），即 $q_0=20$ N/m；

L——中心距，$L=1.7$ m；

β——倾角（0°）；

μ——阻力系数，取 $\mu=0.308$；

C_0——附加阻力系数，取 $C_0=1.55$；

D——滚轮直径，取 $D=10.16$ mm；

d——滚轮轴直径，取 $d=5.08$ mm；

k——滚动摩擦力臂，取 $k=0.5$ mm；

μ_1——滚轮轴摩擦系数，取 $\mu_1=0.2$。

输出力矩 $T_N=(F\times d)/2\,000$

$=598.5\times86.4/2\,000$

$=25.9$（N·m）

输出功率 $P=T_N n_{输}/9\,550$

$=25.9\times200/9\,550$

$=0.54$（kW）

设计输出力矩 $T_{NV}=T_NS_b=25.9\times1.5=38.9$（N·m）。

上式中，安全系数 $S_b=1.5$。

设计功率 $P=T_{NV}n_{输}/9\,550=38.9\times200/9\,550=0.81$（kW）。

查电机参数表 4-7，选取西门子伺服电机 1FL6062-1AC，功率 $P=1$ kW，惯量 $J_m=11.7\times10^{-4}$ kg·m^2，满足以上要求。

表 4-7 电机参数表

订货号 1FL6	042-1AF	044-1AF	061-1AC	062-1AC	064-1AC	066-1AC	067-1AC
轴高（SH）/mm	45				65		
额定功率/kW	0.40	0.75	0.75	1.00	1.50	1.75	2.00
马力/HP	0.54	1.02	1.02	1.36	2.04	2.38	2.72
额定扭矩/（N·m）	1.27	2.39	3.58	4.78	7.16	8.36	9.55
额定速度/（r/min）	3 000				2 000		
最大扭矩/（N·m）	3.8	7.2	10.7	14.3	21.5	25.1	28.7
最大速度/（r/min）	4 000				3 000		

续表

订货号 1FL6	042-1AF	044-1AF	061-1AC	062-1AC	064-1AC	066-1AC	067-1AC
额定电流/A	1.2	2.1	2.5	3.0	4.6	35	5.9
最大电流/A	3.6	6.3	7.5	9.0	13.8	15.9	17.7
扭矩常数/［（N·m）/A］	1.7	1.2	1.5	1.7	1.6	1.7	1.7
惯量（带抱闸）/（10^{-4} kg·m^2）	2.7（3.2）	5.2（5.7）	8.0（9.1）	11.7（13.5）	15.3（16.4）	22.6（23.7）	29.9（31.0）
热等级	B（130℃）						
防护等级	IP65						
推荐负载惯量与电机惯量比	最大 10 倍		最大 5 倍				

查减速机参数表 4-4，选择减速机型号为品宏行星减速机 DH150-L1-10。

（2）负载扭矩核算。

$$T_L=\frac{Fd}{2\eta i}=\frac{598.5\times 86.4}{2\times 0.8\times 10}=3\,232\text{（N·mm），即 } T_L=3.2\text{ N·m}$$

式中：d——链轮分度圆；

η——传动效率；

i——减速比。

（3）加减速扭矩核算。

$$T_A=\frac{2\pi n(J_m+J_L+J_1)}{60t_a}=\frac{2\times 3.14\times 2\,000\times(11.7\times 10^{-4}+37.1\times 10^{-4}+8.46\times 10^{-4})}{60\times 0.3}=4\text{（N·m）}$$

$$T_C=\frac{2\pi n(J_m+J_L+J_1)}{60t_c}=\frac{2\times 3.14\times 2\,000\times(11.7\times 10^{-4}+37.1\times 10^{-4}+8.46\times 10^{-4})}{60\times 0.2}=6\text{（N·m）}$$

式中：n——电机转速；

J_m——电机惯量；

J_L——负载惯量；

J_1——减速机惯量。

（4）计算瞬时最大扭矩。

加速时扭矩 $T_a=T_A-T_L=4-3.2=0.8$（N·m）。

匀速时扭矩 $T_b=T_L=3.2$（N·m）。

减速时扭矩 $T_c=T_C+T_L=6+3.2=9.2$（N·m）。

（5）实效扭矩核算。

$$T_{ms}=\sqrt{\frac{T_a^2t_a+T_b^2t_b+T_c^2t_c}{t_a+t_b+t_c}}=\sqrt{\frac{0.8^2\times 0.3+3.2^2\times 1+9.2^2\times 0.2}{0.3+1+0.2}}=4.27\text{（N·m）}$$

所选西门子电机的额定扭矩 T_m=4.78 N·m>T_{ms}，合格。

伺服电机最大输出扭矩 T_{max}=14.3 N·m。

实际瞬时最大扭矩 T_c=9.3 N·m<T_{max}·80%=11.44 N·m，合格。

3）行程核算

$$\text{加速段行程 } S_a=\frac{Vt_a}{2}=\frac{0.9\times0.3}{2}=0.135\text{（m），即 } S_a=135\text{ mm}$$

式中，V=0.9 m/s。

减速段行程 $S_c=\frac{Vt_c}{2}=\frac{0.9\times0.2}{2}=0.09$（m），即 S_c=90 mm。

匀速段行程 $S_b=Vt_b=0.9\times1=0.9$（m），即 S_b=900 mm。

总行程：$S=S_a+S_b+S_c$=（135+900+90）mm=1 125 mm>900 mm，满足要求。

3. 滚子链传动设计核算

因为链条传动速度 V=0.9 m/s>0.8 m/s，为高速链传动，所以不需进行滚子链静强度计算。

选取电机功率 P=1 kW，电机额定转速 n=2 000 r/min，减速比 i=10，$n_{输}$=200 r/min。

通过查《机械设计手册》中的推荐润滑方式，如图 4-10 所示，选取滴油润滑，以保证链传动的正常使用寿命。

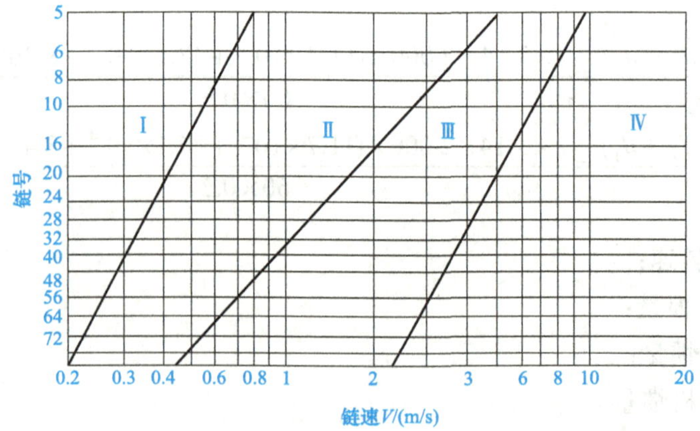

Ⅰ—人工定期润滑；Ⅱ—滴油润滑；Ⅲ—油浴或飞溅润滑；Ⅳ—压力喷油润滑。

图 4-10　推荐的润滑方式

通过查《机械设计手册》中 B 系列滚子链的额定功率曲线，如图 4-11 所示，选取 10B 精密滚子链。

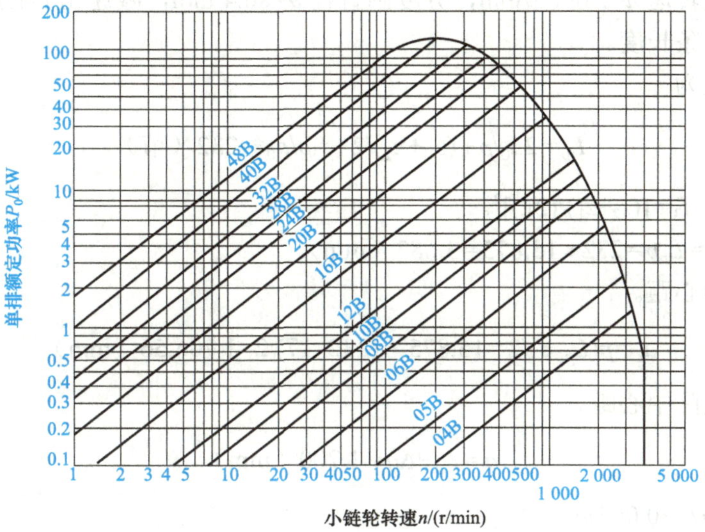

图 4-11　B 系列滚子链的额定功率曲线

从图 4-11 可知，链条传递功率远小于额定功率，故不需核算滚子链的耐疲劳工作能力。参考《机械设计手册》中的相关公式进行以下计算。

（1）计算功率。

$$P_d=K_AP$$

式中：K_A——载荷修正系数，取 $K_A=1.8$。故

$$P_d=1.8\times0.54=0.97\ (\text{kW})$$

（2）计算直径。

型号为 10B 的链条参数如下：

链条节距 $p=15.875$ mm；

滚子直径 $d_r=10.16$ mm；

链板高度 $h_2=14.73$ mm；

链轮齿数 $z=17$。

分度圆直径 $d=\dfrac{p}{\sin\dfrac{180°}{z}}=\dfrac{15.875}{\sin\dfrac{180°}{17}}=86.4$(mm)。

齿顶圆直径 $d_{a\max}=d+1.25p-d_r=86.4+1.25\times15.875-10.16=96.08$（mm），取 $d_a=95$ mm。

齿根圆直径 $d_f=d-d_r=86.4-10.16=76.24$（mm）。

齿侧凸缘直径 $d_g\leqslant p\cot(180°/z)-1.04h_2-0.76=15.875\times\cot\dfrac{180°}{17}-1.04\times14.73-0.76=68.84$（mm），取 $d_g=65$ mm。

（3）计算链条速度。

$$V=nd\pi i/60=2\,000\times0.086\,4\times3.14/(10\times60)=0.9\ (\text{m/s})$$

式中：电机额定转速 n=2 000 r/min，分度圆直径 d=86.4 mm，减速比 i=1:10。

（4）计算链条长度。

总链条节数为

$$L_p=2a_0/p+(z_1+z_2)/2+f_3p/a_0\approx 232\text{（节）}$$

式中：$z_1=z_2=z$，$f_3=[(z_2-z_1)/(2\pi)]^2$。

链条长度 $L=L_pp=232\times 15.875=3\ 683$（mm）。

（5）计算中心距。

$$a_c=p(L_p-z)/2=15.875\times(232-17)/2=1\ 706.56\text{（mm）}$$

（6）计算实际中心距。

$$a=a_c-\Delta a=1\ 700\text{（mm）}$$

式中：$\Delta a=(0.002\sim 0.004)a_c$。

（7）计算有效圆周力。

$$F_t=(1\ 000P_d/n_{链})/V=(1\ 000\times 0.99/2)/0.9=550\text{（N）}$$

（8）计算作用在轴上的力。

$$F=(1.15\sim 1.2)f_1F_t=1.15\times 1.1\times 550=696\text{（N）}$$

式中：f_1 为工况系数，可查询相关手册获取。

（9）计算最小安全轴径。

按扭转强度计算有

$$d'=17.2\sqrt[3]{\frac{T}{\tau_p}}=17.2\times\sqrt[3]{\frac{39.6}{35}}=17.92\text{（mm）}$$

式中：τ_p 系轴材料为 45 钢时的许用扭转切应力。

按扭转刚度计算有

$$d''=B\sqrt[4]{\frac{P_d}{n_{轴}}}=91.5\times\sqrt[4]{\frac{0.99}{200}}=24.27\text{（mm）}$$

式中：B 为每米轴长允许的扭转角对应系数，取 B=91.5。

由于 $d''>d'$，选 d'' 为最小安全轴径。

按照相关规定，轴上有键槽时轴径需相应增大，则轴径 $d_{轴}>1.07\,d''$=26 mm。

综上，取 $d_{轴}$=30 mm。

4.3.4　水平移动机构二维方案图设计

水平移动机构的二维方案如图 4–12 所示。

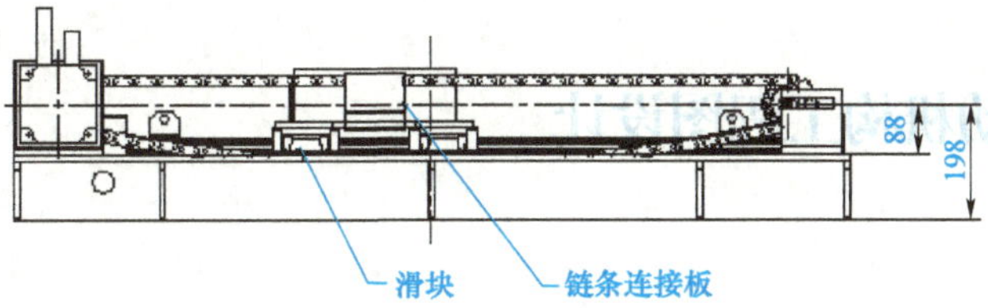

（a）主视图

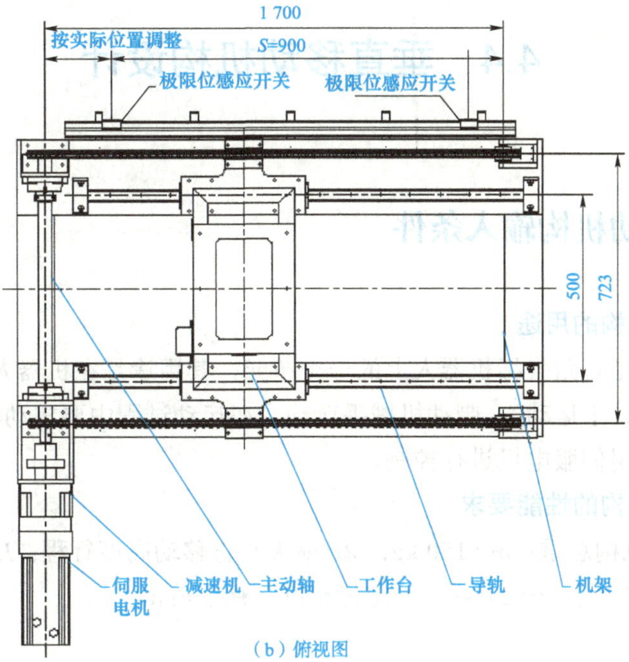

（b）俯视图

图 4-12 水平移动机构二维方案图

4.3.5 水平移动机构三维图设计

利用三维软件绘制建模的水平移动机构三维图（轴测视角）如图 4-13 所示。

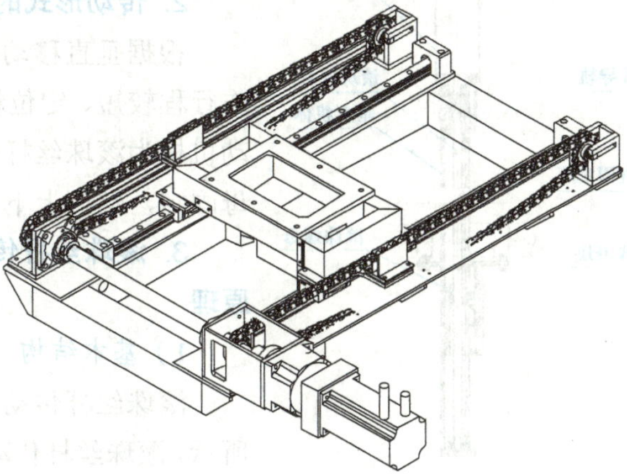

图 4-13 水平移动机构三维图（轴测视角）

4.3.6 水平移动机构工程图设计

参见图 A-6。

4.4 垂直移动机构设计

4.4.1 垂直移动机构输入条件

1. 垂直移动机构的用途

垂直移动机构是直角坐标机器人上的一个单元，其用途是在机器人工作时完成 Y 轴的任务（垂直方向上、下运动），带动机械手运动，在运动过程中要求动作平稳，定位精确。目前市场上普遍采用伺服电机进行控制。

2. 垂直移动机构的性能要求

① 垂直运动机构总重：$m=150$ kg；② 最大垂直移动高度行程：$H=1\ 000$ mm；③ 全行程 H 移动时控制时间：$t=2.0$ s；④ 定位精度：±0.5 mm。

4.4.2 垂直移动机构传动形式选择

1. 传动形式的种类

垂直移动机构的常用传动形式有：齿轮齿条传动、同步带传动、滚珠丝杆传动、钢丝绳传动等。

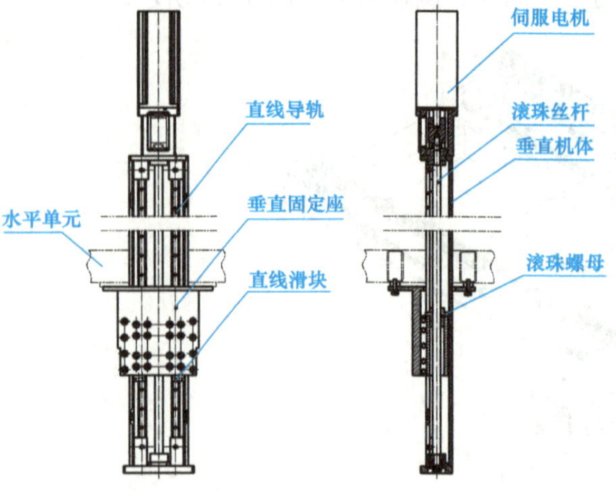

图 4-14 滚珠丝杆传动基本结构图

2. 传动形式的选择

根据垂直移动机构的输入条件，即工作行程较短、定位精度较高，选择垂直移动机构为滚珠丝杆传动，工作时由滚珠螺母固定，丝杆上下移动。

3. 滚珠丝杆传动的基本结构和工作原理

1）基本结构

滚珠丝杆传动的基本结构如图 4-14 所示。滚珠丝杆传动的垂直移动机构主要由伺服电机、直线导轨、直线滑块、滚珠丝杆、滚珠螺母、垂直机体及垂直固定座组成。

伺服电机、滚珠丝杆、直线导轨安装在垂直机体上，伺服电机通过联轴器与滚珠丝杆直联；滚珠螺母、直线滑块固定在垂直固定座上；垂直固定座安装在水平单元上。

2）工作原理

当伺服电机启动时，伺服电机转动的同时带动滚珠丝杆旋转，使滚珠螺母沿丝杆做直线运动。由于滚珠螺母固定在垂直固定座上，是固定端，滚珠丝杆会带动垂直机体做上、下运动。直线导轨和直线滑块可以起导向作用，保证整个设备正常运行。

4.4.3　滚珠丝杆传动的垂直移动机构设计计算

1. 伺服电机的主要技术参数

（1）工位间距 S=1 000 mm；

（2）从前一个工位到后一个工位所需时间 t=2 s，其中加速时 t_a=0.3 s，匀速时 t_b=1.4 s，减速时 t_c=0.3 s；

（3）参加运动的机构总重 m=150 kg。

2. 伺服电机的校核

1）计算电机转子惯量

初定电机额定转速 n=2 000 r/min，则角速度 $\omega=2\pi n/60=209$（rad/s）。

初定丝杠直径 d=40 mm，导程 P=20 mm，摩擦系数 μ =0.15，则行走速度

$$V=\frac{nP}{60}=\frac{2\,000\times 20}{60}=667\ \text{(mm/s)，即}\ V=0.667\ \text{m/s}$$

电机转速、丝杆导程可以满足要求。

$$\text{负载惯量}\ J_L=m\left(\frac{V}{\omega}\right)^2=150\times\left(\frac{0.667}{209}\right)^2=15.3\times 10^{-4}\ (\text{kg}\cdot\text{m}^2)$$

允许负载惯量为电机转子惯量的 5 倍以下，即 $J_L<5J_m$，则 $J_m>J_L/5=3.06\times10^{-4}\ \text{kg}\cdot\text{m}^2$

查电机参数表，选取西门子伺服电机 1FK7063-1AC，转子惯量 $J_m=14.7\times10^{-4}\ \text{kg}\cdot\text{m}^2$，满足以上要求。

2）验算电机额定扭矩和最大输出扭矩

（1）计算电机轴的负载扭矩。

$$T_L=\frac{T_f}{\eta_{\text{ms}}}$$

式中：T_f为导套摩擦折算到电机轴的转矩，η_{ms}为滚珠丝杆摩擦折算效率。

$$T_f=\frac{(1+0.15)mgP}{2\pi\eta}=\frac{1.15\times150\times9.8\times0.02}{2\times3.14\times0.9}=6\ (\text{N}\cdot\text{m})$$

滚珠丝杆摩擦折算效率

$$\eta_{ms}=\frac{1}{1+0.02\dfrac{d}{P}}=\frac{1}{1+0.02\times\dfrac{0.04}{0.02}}=0.962$$

则 $T_L=6/0.962=6.24$（N • m）。

（2）计算加减速扭矩。

$$T_A=\frac{2\pi n(J_m+J_L)}{60t_{ac}}=\frac{2\times3.14\times2\,000\times(14.7\times10^{-4}+15.3\times10^{-4})}{60\times0.3}=2.09\ (\text{N}\cdot\text{m})$$

式中：n——电机转速；

J_m——转子惯量；

J_L——负载惯量；

$t_{ac}=t_a=t_c=0.3$ s。

（3）计算瞬时最大扭矩。

加速时：$T_a=T_A+T_L=2.09+6.24=8.33$（N • m）

均速时：$T_b=T_L=6.24$（N • m）。

减速时：$T_c=T_L-T_A=6.24-2.09=4.15$（N • m）。

（4）计算实效扭矩。

$$T_{ms}=\sqrt{\frac{T_a^2t_a+T_b^2t_b+T_c^2t_c}{t_a+t_b+t_c}}=\sqrt{\frac{8.33^2\times0.3+6.24^2\times1.4+4.15^2\times0.3}{0.3+1.4+0.3}}=6.34\ (\text{N}\cdot\text{m})$$

所选西门子电机的额定扭矩 $T_M=8.9$ N • m$>T_{ms}$，故满足要求。

伺服电机最大输出扭矩 $T_{max}=33$ N • m。

实际瞬时最大扭矩 $T_a=8.27$ N • m$<T_{max}\times80\%=26.4$ N • m，故满足要求。

（5）验算各阶段时间及行程。

加速段行程 $S_a=\dfrac{Vt_a}{2}=\dfrac{0.667\times0.3}{2}=0.1$（m），即 $S_a=100$ mm。

减速段行程 $S_c=\dfrac{Vt_c}{2}=\dfrac{0.667\times0.3}{2}=0.1$（m），即 $S_c=100$ mm。

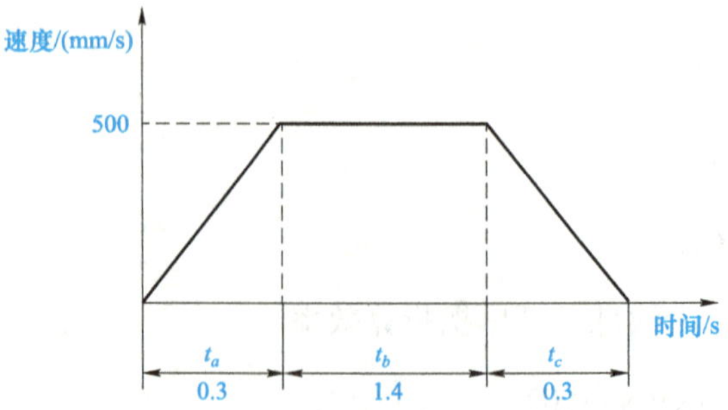

图 4-15　速度时间图

匀速段行程

$S_b=Vt_b=0.667\times1.4=0.934$（m）。

$$S_a+S_b+S_c=100+934+100=1134\ (\text{mm})>S=1\,000\ \text{mm}$$

即行程满足要求。

4.4.4　垂直移动机构二维方案图设计

垂直移动机构的二维方案如图 4-16 所示，图中为主视与左视两个视图。

4.4.5　垂直移动机构三维图设计

利用三维软件绘制建模的垂直移动机构轴测视角三维图如图 4-17 所示。

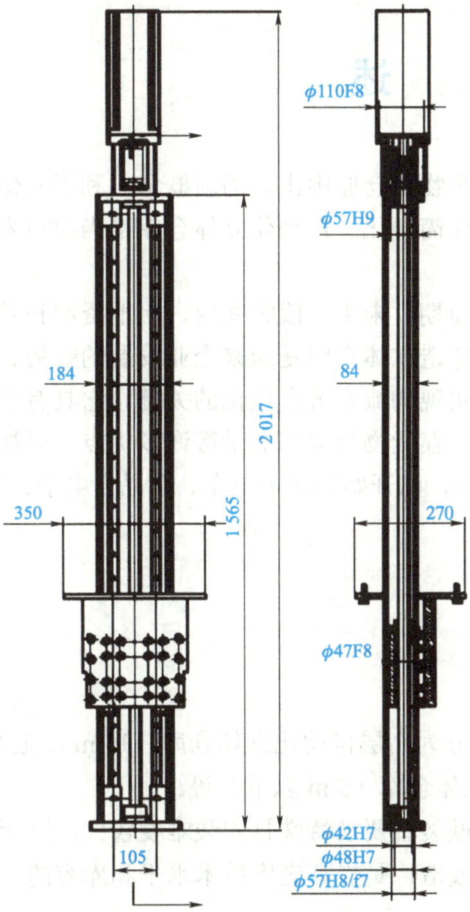

图 4-16　垂直移动机构二维方案图

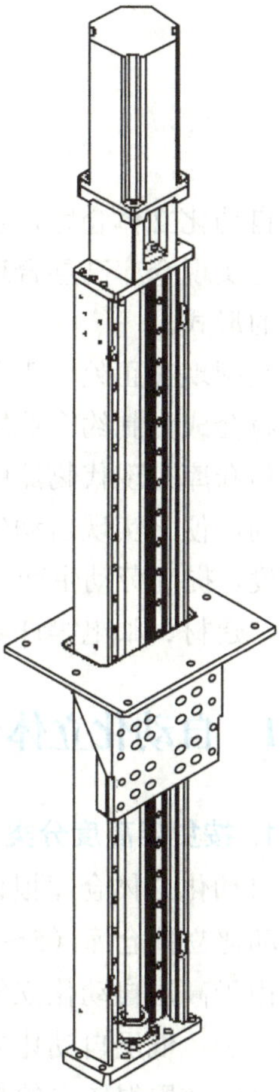
图 4-17　垂直移动机构三维图

4.4.6　垂直移动机构工程图设计

参见图 A-7。

第5章

自动化立体仓库取料系统设计

5.1 概　　述

自动化立体仓库，也叫自动化立体仓储，是物流仓储中出现的新概念。利用立体仓库设备可实现仓库高层合理化，存取自动化，操作简便化。自动化立体仓库是当前技术水平较高的形式。

我国现在正处于工业化、城市化发展的高速期，未来一段时间内，土地资源和劳动力资源将会成为制约企业发展的瓶颈，鉴于此，建造立体仓库是未来企业发展的趋势。自动化立体仓库是现代物流中的重要组成部分，是实现物流系统合理化的关键。它具有空间利用率高，便于实现自动化管理，实时自动结算库存货物种类和数量等许多优点，对加快物流速度、提高劳动生产率、降低生产成本很重要，已开始应用于汽车、食品、电子、医药、烟草、建材、邮电等许多行业。

5.1.1　自动化立体仓库的分类

1. 按货架高度分类

自动化立体仓库根据货架高度不同，可细分为高层自动化立体仓库（15 m 以上）、中层自动化立体仓库（5～15 m）及低层自动化立体仓库（5 m 以下）等。

由于高层自动化立体仓库造价过高，对机械装备要求特殊且安装难度较大，因而相对建造较少；低层自动化立体仓库主要用于老库改造，是提高老库技术水平和库容的可行之路；目前使用得较多的是中层自动化立体仓库。

2. 按货架构造分类

1）单元货格式自动化立体仓库

单元货格式自动化立体仓库是一种标准格式的通用性较强的立体仓库，其特点是每层货架都由同一尺寸的货格组成，货格开口面向货架之间的通道，装取货机械在通道中行驶并能对左、右两边的货架进行装、取作业。每个货格中存放一个货物单元或组合货物单元。

货架以两排为一组，组间留有通道。所以这种仓库需留有较多的通道，面积利用率不太高（约为 60%），空间利用率较高。

单元货格式自动化立体仓库可用多种起重装卸机械进行作业。一般而言，中、高层主要采用沿轨道行驶的巷道起重机，以保证能在狭窄的巷道内进行作业；低层自动化立体仓库和中层自动化立体仓库中高度较低者，也可采用一般叉车或高架叉车进行作业，为减少叉车转弯所需的通道宽度，叉车不从正面进行作业，而采取侧叉式叉车作业。

2）贯通式自动化立体仓库

贯通式自动化立体仓库又称流动型货架仓库，是一种密集型的仓库，这种仓库货架之间没有间隔，不留通道，货架紧靠在一起，实际上成了一个货架组合整体。这种货架的独特之处在于，每层货架的每一列纵向贯通，像一条条隧道，隧道中能依次放入货物单元，使货物单元排成一列。货架结构一端高一端低，使贯通的通道成一定坡度。在每层货架底部安装滑道、辊道或在货物单元装备（如货箱、托盘）底部安装轮子，则货物单元便可在其自身重力作用下沿坡道高端自动向低端运动。如果单元货物容器有自行运行机构，或货架中安装相应机构，货架也可水平安装而不需坡度。

这种货架运行方式是从货架高端送入单元货物（进货），单元货物自动向低端运动，从低端出库；或从一端送入，在行走机构推动下运动到另一端。

这种自动化立体仓库的主要优点是：由于货架全部紧密排列，因而仓库平面利用率和容积利用率可大幅度提高，可达 90%；只在高低两端进行作业，也可大大节省设备和机械运行消耗；仓库严格实行货物的先进先出，有效防止呆滞货存在；仓库的货架两端是独立的进库和出库操作区域，有利于规划仓库作业区，防止进出库作业互相干扰及管理混乱的问题，有利于文明管理和提高工作效率；货架储存单元货物，每单元货物又有各自的托盘或货箱保护，不需堆码，所以可减少货物的损失；各条货格通道中分别存放不同物资，所以不会发生一般仓库不同货格混存时常见的混杂、混乱等差错事故；有利于多品种、多规格、小批量、多批次商品储存和规划，有利于有秩序地进货和出货；规划整齐，有利于无人自动操作和电子计算机管理。

这种仓库的主要缺点是：每一通道中只能存入同种物资，所以存货种类有限，也很难灵活进行存储；由于通道大小、长度一样，每一种货物存储容量大致相同，或成倍相差，因此，往往出现某些通道货位不够、某些通道有多余货位的不平衡现象，也会降低利用率；对仓库技术、设备制造及仓库建筑的精密度要求较高，对托盘、货箱等单元载体要求也较高，要防止重力滑动中的卡死，一旦卡死，故障排除难度较大；仓库结构是钢结构，造价较高。

这种仓库的适用领域为：用作拥挤地区的工厂或流通仓库的储备库，以减少占地面积而提高储存量；用作配送中心的拣选仓库，尤其是成单元件的自动拣选；用于站台发货仓库，发货端于站台之上，有利于提高装车速度，减少装车距离。

3）柜式自动化立体仓库

柜式自动化立体仓库是小型可移动的封闭式立体仓库，由柜外壳、控制装置、操作盘、储物箱及传动机构组成。其主要特点是小型化、轻量化、智能化，尤其是封闭性强，有很强的保密性，因此适合于贵重的电子元件、贵金属、首饰、资料文献、档案材料、音像制品、证券票据等的储存。

4）条型货架式自动化立体仓库

条型货架每层都伸出支臂，专门利用侧式叉车进出货，是用于存放条型、筒型货物的立体仓库。

3. 按仓库和货架建造分类

1）一体型自动化立体仓库

高层货架与建筑物是一体的，高层货架不能单独拆装。因此货架兼仓库的支撑结构，仓库不再单设柱、梁。货架顶部铺设屋面，货架也起屋架作用，是一种永久性设施，这种仓库造价可在一定程度上节约成本。

2）分离型自动化立体仓库

建筑物与高层货架不是联结为一体的，而是分别建造的。一般在建筑物完成之后，按设计及规划在建筑物内部安装高层货架及相关的机械装备。

分离型自动化立体仓库可以不形成永久性设施，可按需要进行重新安装和技术改造，因此比较机动。一般来说，由于是分别建造，造价较高。分离型自动化立体仓库也适合旧库改造时采用。

一体型自动化立体仓库一般层数较高，采用钢结构或钢筋混凝土结构；而分离型自动化立体仓库一般层数较低，主要是钢结构，可装配，也可拆移，有一定的机动性。

现代物流系统中，储存型的物流中心、吞吐量及储存量较大的仓库、配送中心的存货库等多采用一体型自动化立体仓库，而车间仓库、配送中心的配货部、转运中心等多采用分离型自动化立体仓库。

4. 按装取货物机械种类分类

1）货架叉车自动化立体仓库

自动化立体仓库中所用的叉车有 3 种，即高起升高度（高扬程）叉车、前移式叉车及侧式叉车。后两种叉车需要有一定的起升高度。叉车由地面承重，不是固定设施，因而较机动。但叉车运行所占通道宽度较宽，且最大起升高度一般不超过 6 m，因此，只适用于中、低层自动化立体仓库使用。

2）巷道堆垛机自动化立体仓库

自动化立体仓库的货架间通道采用巷道堆垛机装取货物，所用的巷道堆垛机主要分为上部承重的下垂式和上部导轨限定的下部承重两种方式，一般用于中、高层自动化立体仓库。

5.1.2 自动化立体仓库的组成和作用

1. 自动化立体仓库的组成

自动化立体仓库是一种多层存放货物的高架仓库系统，主要由高层货架、天地轨道、巷道堆垛机、出入库输送设备、自动控制与管理系统组成。堆垛机及出入库输送设备能够在计算机的管理下，自动完成货物的出入库作业，对货物进行自动化管理，并与企业管理系统进行连通，实现管理的现代化，是企业实现现代化管理的重要组成部分。

巷道堆垛机是自动化立体仓库中最重要的运输、起重、堆垛设备，对立体仓库的出入库效率有决定性的影响，是立体仓库能否达到设计要求的关键设备之一。有轨巷道堆垛机是立体仓库成套设备中的主机，是一种在轨道上运行的起重机械，它采用计算机及条形码技术，能在三维空间上按照一定的顺序组合进行往复运动（行走、升降、两侧向伸缩），以完成对集装单元或拣选货物的出入库作业。

2. 自动化立体仓库的作用

自动化立体仓库的用途就是存放货物，货架是钢结构或钢筋混凝土结构的建筑物或结构体，货架内空是标准尺寸的货位空间，巷道堆垛机穿行于货架之间的巷道中，完成存、取货的工作。

自动化立体仓库是一门集物料搬运、仓储科学为一体的综合科学技术工程，它以高层立体货架为主要标志，以成套先进搬运设备为基础，以先进的计算机控制技术为主要手段，高效率地利用空间、时间和人力进行出入库处理。将自动化立体仓库技术应用到货物流通领域中，能极大地提高货物流通效率，减轻工作人员的劳动强度，因此在众多大中型企业得到了广泛的应用。

目前，自动堆垛机采用了一批新技术。在寻址技术上采用激光测距仪器，体积小、重量轻，测量精度可达到毫米级。应用变频调速技术，可根据堆垛机运行的目标要求，由 PLC 对变频器的速度进行切换变频调速，达到调速和准确停位的目的，以及满足堆垛机高速运行、换速平稳、低速停准的调速控制要求。堆垛机控制可设计为手动、半自动和全自动控制 3 种：全自动控制由监控机发送作业命令和地址给堆垛机，而后堆垛机响应执行，运行中，监控机可对堆垛机运行状态进行实时监控；手动、半自动控制则由操作员直接在堆垛机操作面板上设定作业命令和地址。在实际运行中以全自动控制为主，手动、半自动控制作为维修和调试的辅助手段。

5.2　自动化立体仓库取料系统输入条件

5.2.1　自动化立体仓库的形式

采用通用性较强的标准单元货格式自动化立体仓库，每层货架都由同一尺寸的货格组成，货格开口面向货架之间的通道，装取货机械在通道中行驶，并能对左、右两边的货架进行装、取作业。每个货格中存放一个货物单元或组合货物单元。

货架以两排为一组，组间留有通道，单元货格式自动化立体仓库采用沿轨道行驶的巷道堆垛机完成存货、取货的工作。

5.2.2　自动化立体仓库取料系统的要求

自动化立体仓库取料系统的现场条件要求如下。

（1）货箱外形尺寸：1.1 m×1.1 m×0.7 m。

（2）货箱质量：300 kg。

（3）货架层数：8 层。

（4）货架高度：10 m。

（5）巷道长度：20 m。

（6）巷道宽度：2.3 m。

（7）处理能力：1 箱/min。

5.3 自动化立体仓库取料系统方案选择

5.3.1 自动化立体仓库取料系统堆垛机形式

巷道堆垛机是立体仓库中用于搬运和存取货物的主要设备，是随立体仓库的使用而发展起来的专用起重机，其主要用途是在高层货架的巷道内来回穿梭运行，将位于巷道口的货物存入货格；或者取出货格内的货物运送到巷道口。按门架结构形式巷道，堆垛机可分为双立柱有轨巷道堆垛机和单立柱有轨巷道堆垛机。

1. 双立柱有轨巷道堆垛机

双立柱有轨巷道堆垛机由两根立柱、上横梁、下横梁和带货叉的载货台组成，如图 5−1 所示，立柱、上横梁和下横梁组成一个长方形的框架，一般称为机架。这种堆垛机的最大优点是强度和刚度都比较好，能快速起动、制动，并且运行平稳，一般用在起升高度较高、起重量较大和水平速度较快的自动化立体仓库取料系统中，其缺点是自重较大。

2. 单立柱有轨巷道堆垛机

单立柱有轨巷道堆垛机由一根立柱、下横梁和上横梁组成，如图 5−2 所示。

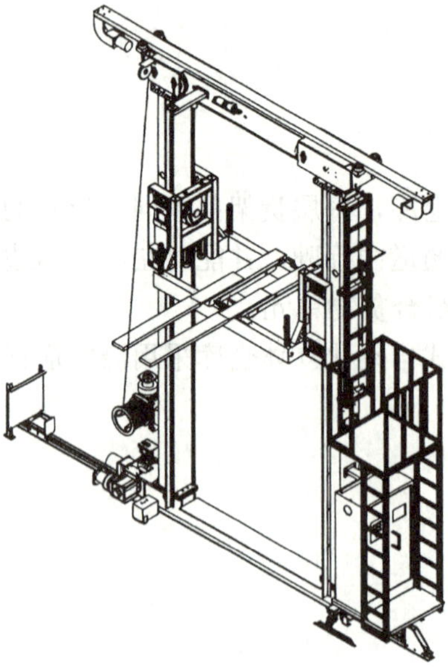

图 5−1　双立柱有轨巷道堆垛机

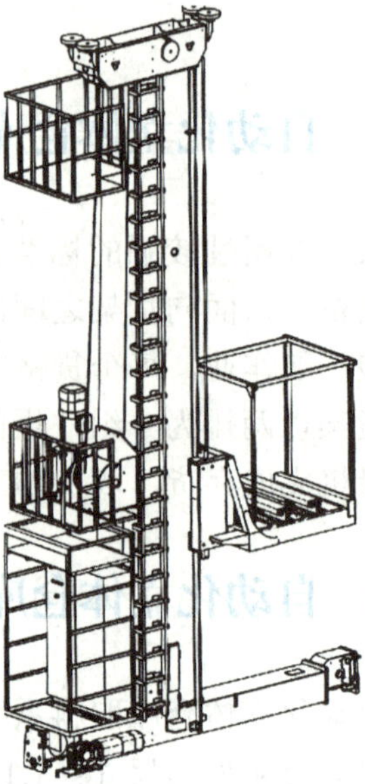

图 5−2　单立柱有轨巷道堆垛机

立柱多采用型钢焊接制作，立柱上附加导轨，整机重量较轻，耗材较少。因此其制造成本比较低，但性能稍差，由于载货台和货物对立柱有偏心作用，以及行走、制动时产生的水平惯性力作用，使单立柱有轨巷道堆垛机在使用上有较大的局限性，不适合用在起重量大和水平运行速度高的自动化立体仓库取料系统中。

5.3.2　自动化立体仓库取料系统方案确定

1. 确定巷道堆垛机的形式

通过分析对比，本章项目中巷道堆垛机用于重量较轻的货物搬运，现场的库高为 10 m，故采用单立柱有轨巷道堆垛机、同步带提升就可以满足使用要求，还可以降低成本，其建模装配结构如图 5-3 所示。

2. 确定自动化立体仓库现场布置方案

现场二维布置方案如图 5-4 所示，现场三维效果图如图 5-5 所示，现场货箱输送布局如图 5-6 所示。

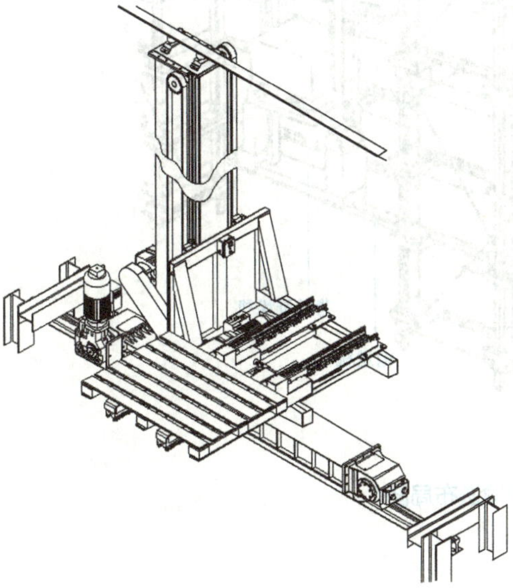

图 5-3　单立柱有轨巷道堆垛机建模装配结构图

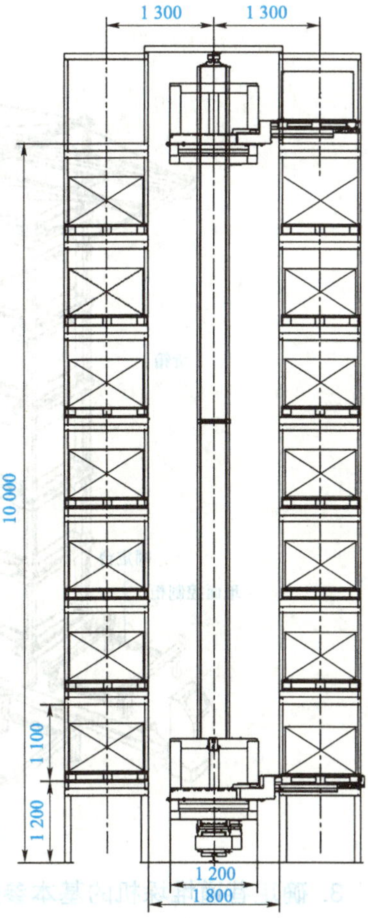

图 5-4　现场二维布置方案图

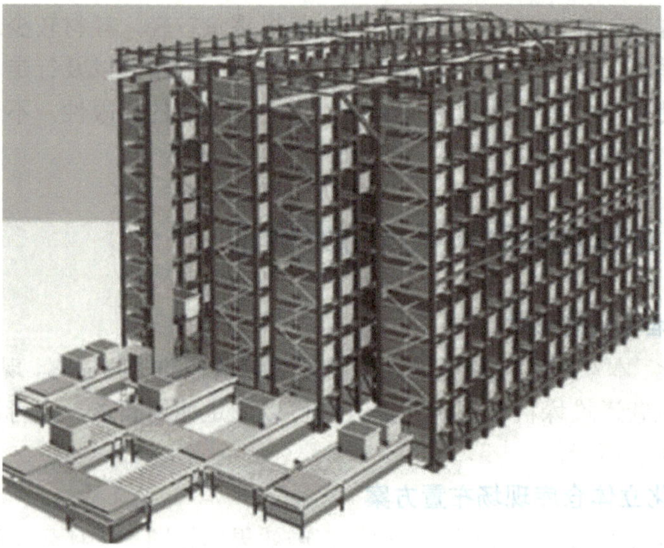

图 5-5　现场三维效果图

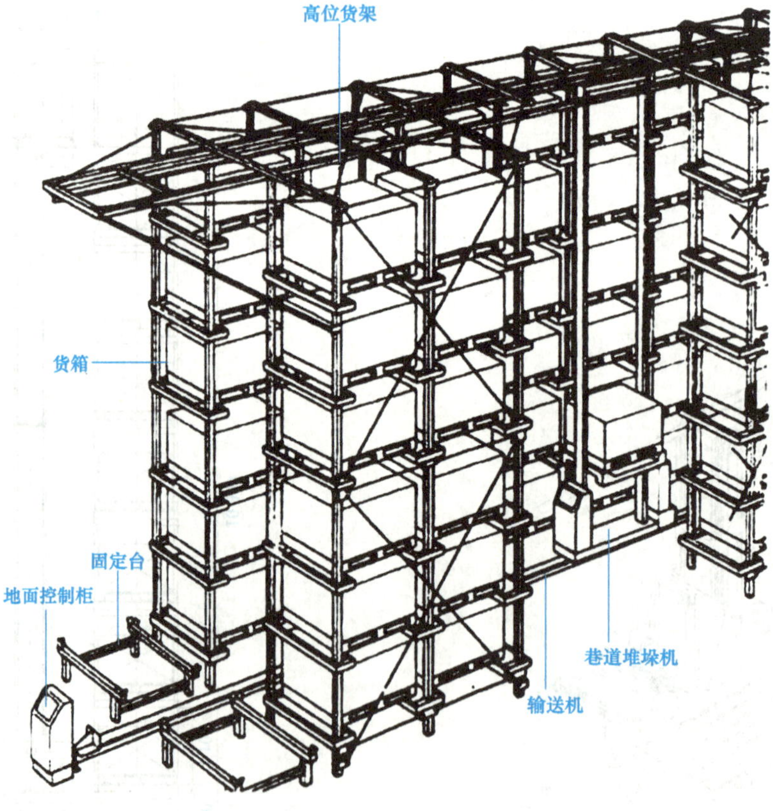

图 5-6　现场货箱输送布局图

3. 确定巷道堆垛机的基本参数

巷道堆垛机的基本参数见表 5-1。

表 5-1　巷道堆垛机基本参数表

额定载重	$W_0=300$ kg	垂直升降调速方式	变频调速
堆垛机行走速度	$V_1=1.5$ m/s	货叉伸缩速度	$V_3=8$ m/min
堆垛机行走加速度	$a_1=0.5$ m/s^2	货叉伸出长度	$L=1\ 300$ mm
堆垛机行走调速方式	变频调速	货叉间距	$B=700$ mm
垂直升降速度	$V_2=0.5$ m/s	货叉距地面最低高度	$H_1=1\ 100$ mm
垂直升降加速	$a_2=0.3$ m/s^2	提升后货叉距地面最高高度	$H_2=10\ 200$ mm

5.3.3　单立柱有轨巷道堆垛机的基本结构及工作原理

1. 基本结构

单立柱有轨巷道堆垛机的结构组成如图 5-7 所示，主要由上、下导轨，立柱，提升机构，行走机构及伸缩货叉等组成。

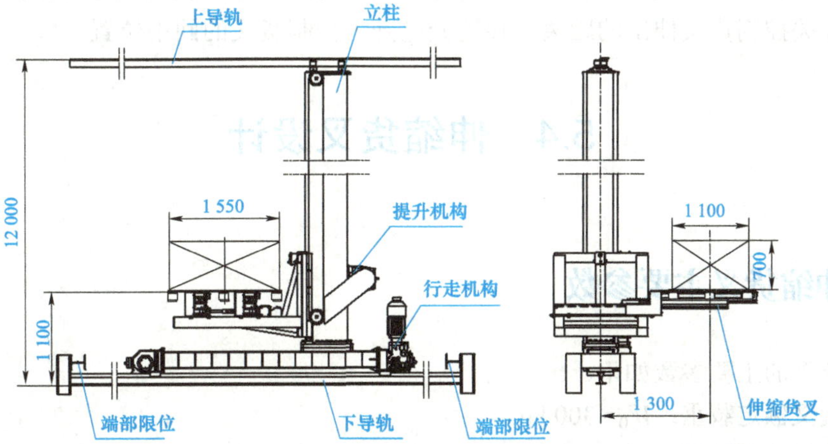

图 5-7　单立柱有轨巷道堆垛机的结构组成

（1）上导轨：主要用来防止堆垛机侧翻，其结构如图 5-8 所示。上导轨的两侧均配有侧轮，以保证堆垛机不会侧翻。

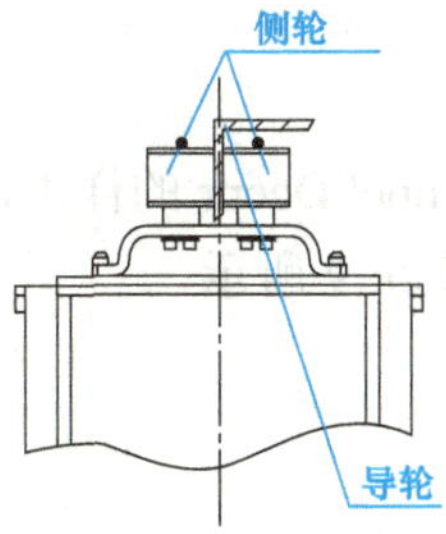

图 5-8　上导轨结构图

（2）立柱：立柱的高低取决于货架的高矮，如立柱高，则需要很好的刚度才能保证堆垛机在行走中不会出现晃动，设计时需要校核立柱。

（3）行走机构：行走机构是堆垛机的关键部件，其横梁承担所有重量，需要很好的刚度；电机、减速机提供的扭矩和转速只有与滚轮的直径匹配，才能达到工作中需要的速度。

（4）提升机构：提升机构由电机带动同步带轮，再由同步带轮带动货叉做上升、下降动作。整个动作要平稳、连贯，不能出现抖动。

（5）伸缩货叉：伸缩货叉的功能是完成货箱的叉起、放下动作，市场上有标准产品出售，可以根据样本选取。

（6）下导轨：承担堆垛机的全部重量，行走机构的滚轮在下导轨上运行。

2. 工作原理

单立柱有轨巷道堆垛机属于有轨巷道堆垛起重机，通过行走机构、提升机构和伸缩货叉的协调工作，完成货物在货架范围内的纵向和横向移动，实现货物的三维立体存取。巷道堆垛机的具体工作原理是由行走电机通过驱动轴实现沿导轨上的水平运动，由提升电机带动载货台做垂直升降运动，由载货台上的货叉做伸缩运动。通过上述三维运动可将指定货位上的货物取出或将货物送到指定的货位。其定位和控制通过认址器、光电开关的识别及光通信信号的转化实现计算机控制，通过识别装置确认堆垛机的实际运行位置。货叉下面的行程开关控制货叉伸出的距离，接近光电开关控制货叉的回中位置。

5.4 伸缩货叉设计

5.4.1 伸缩货叉主要参数

伸缩货叉的主要参数如下。

（1）货叉额定载重：$W_0=300$ kg。

（2）货叉伸缩速度：$V_3=8$ m/min。

（3）货叉伸出长度：$C=1\ 300$ mm。

（4）货叉间距：$X=700$ mm。

5.4.2 伸缩货叉选择

根据伸缩货叉主要参数，结合 Simpel Deepr 的样本，选择伸缩货叉型号 205×100E-120C，自重 $W_1=200$ kg，其结构及尺寸如图 5–9 所示。

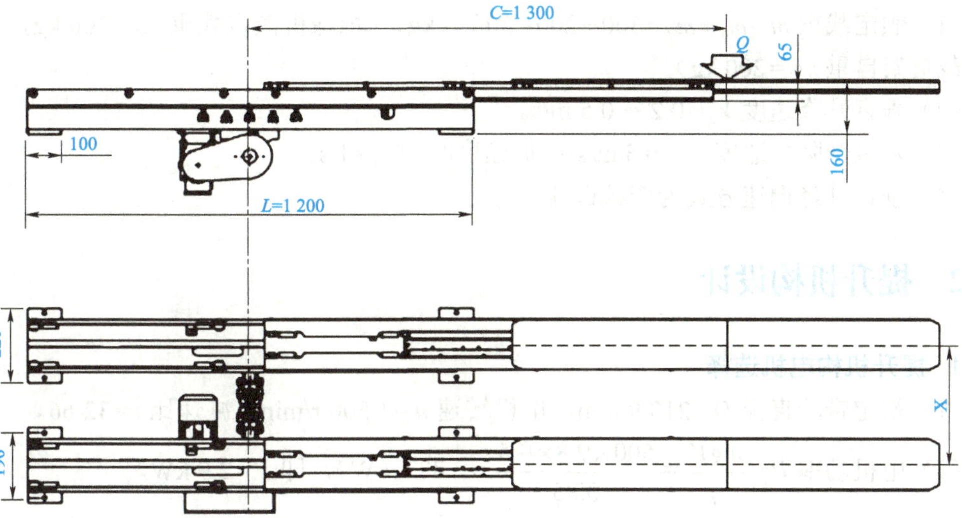

图 5-9　伸缩货叉的结构及尺寸图

5.4.3　伸缩货叉挠度校核

205×100E−120C 型伸缩货叉的挠度图如图 5-10 所示。

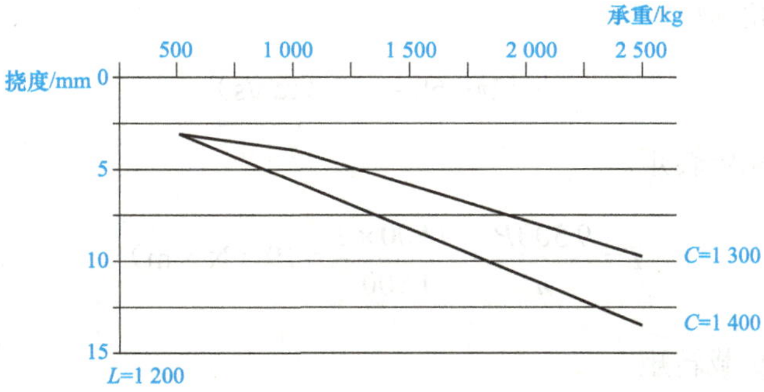

图 5-10　205×100E−120C 型伸缩货叉的挠度图

从图 5-10 中可以查出承重 500 kg 时，205×100E−120C 型伸缩货叉的挠度是 3 mm 左右，从中可以计算出承重 300 kg 的挠度为 2 mm 左右，满足使用要求。

5.5　提升机构设计计算

5.5.1　提升机构主要参数

提升机构主要参数如下。

（1）额定载重 $m=m_1+m_2=300+200=500$（kg）（堆垛机额定载重 $m_1=300$ kg，伸缩货叉加载货架自重 $m_2=200$ kg）。

（2）垂直升降速度 $V_2=0.2\sim0.5$ m/s。

（3）垂直升降加速度 $a_2=0.5$ m/s^2；加速度时间 $t_a=1$ s。

（4）垂直升降调速方式为变频调速。

5.5.2 提升机构设计

1. 提升机构电机选择

（1）初定带轮直径 $D=213.9$ mm，电机转速 $n=1\,500$ r/min，减速比 $i=32.66$。

（2）电机功率 $P=\dfrac{mgV}{\eta}=\dfrac{500\times9.8\times0.5}{0.85}=2\,882$（W），即 $P=2.9$ kW。

（3）选择型号为 R87−32.66−DRE100L2−4，减速比 $i=32.66$，电机功率 $P=3$ kW。

2. 提升速度校核

$V=\dfrac{nD\pi}{60i}=\dfrac{1\,500\times213.9\times3.14}{60\times32.66}=514$（mm/s），即 $V=0.5$ m/s，符合要求。

3. 电机转矩校核

（1）电机型号为 Y100L2−4，功率 $P=3$ kW，转速 $n=1\,500$ r/min。

（2）计算电机角速度。

$$\omega=2\pi n/60=157\ (\text{rad/s})$$

（3）计算电机额定转矩。

$$T=\frac{9\,500P}{n}=\frac{9\,500\times3}{1\,500}=19\ (\text{N}\cdot\text{m})$$

（4）计算电机负载转矩。

$$T_f=\frac{mgD}{2i}=\frac{500\times9.8\times213.9}{2\times32.66}=16\,046\ (\text{N}\cdot\text{mm})$$

式中：D 为同步带轮直径。即 $T_f=16$ N・m $<T$，故符合使用要求。

（5）计算电机负载惯量。

$$J_L=m\left(\frac{V}{\omega}\right)^2=500\times\left(\frac{0.5}{157}\right)^2=50.7\times10^{-4}\ (\text{kg}\cdot\text{m}^2)$$

（6）计算电机轴动态负载转矩。

$$T_A=\frac{\omega J_L}{t_a}=\frac{157\times50.7\times10^{-4}}{1}=0.80\ (\text{N}\cdot\text{m})$$

式中：ω——电机角速度；

J_L——负载惯量；

t_a——加减速时间。

（7）计算瞬时最大负载转矩。

$$T_{max}=T_A+T_f=0.80+16=16.80\text{（N·m）}$$

Y 系列最大转矩为 2～2.2 倍额定转矩，即 $2T=2\times19=38$（N·m）$>T_{max}$，故符合使用要求。

5.5.3 提升机构同步带设计

按照功率和带轮转速进行同步带选型，选型规格如图 5-11 所示。

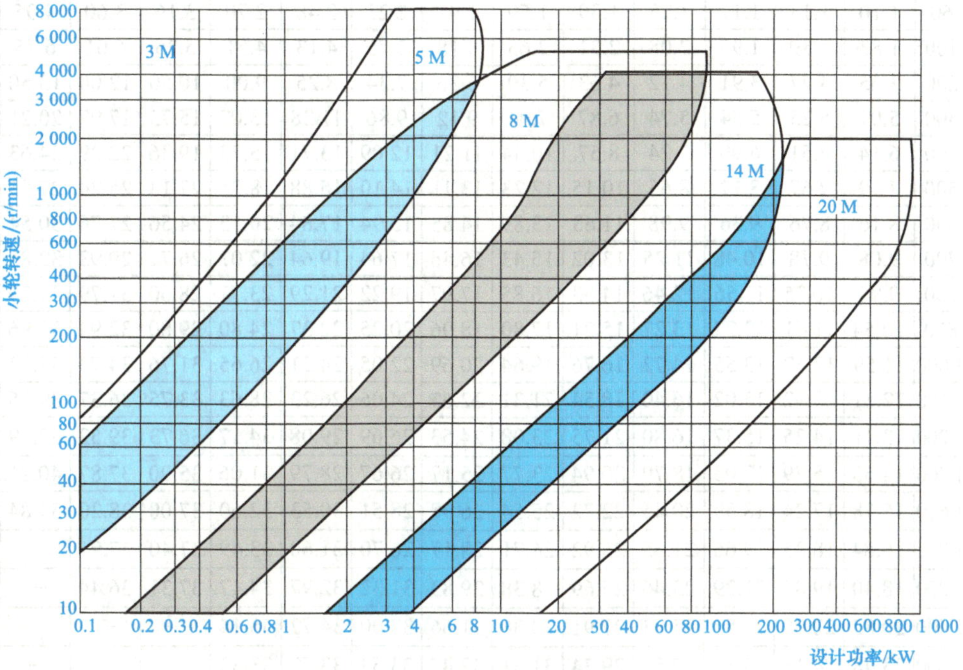

图 5-11　同步带选型规格图

1. 提升机构同步带轮计算

（1）计算功率。

$$P_d=K_AP$$

式中：K_A——工况系数，取 $K_A=2.1$（对于 14M 带型，追加系数 $K_{A增}=0.3$）。

则 $P_d=2.1\times2.9=6.09$（kW）。

（2）带型为 SM14，节距 $p_b=14$ mm。

（3）带轮齿数 $z_1=48$ 齿。

（4）带轮节圆直径 $d_1=z_1p_b/\pi=214.0$ mm。

（5）带轮转速 $n=60\times1\,000V/（\pi d_1）=45.9$ r/min，可得 $V=0.514$ m/s。

（6）带轮外径 $d_1'=d_1-2\delta=211.2$ mm，其中 $\delta=1.397$。

2. 提升机构同步带计算

1）基本额定功率计算

带轮转速 $n_1=n/i=1\,500/32.66=45.9$（r/min），对比参数选型见表 5-2，可得 $P_0=1.81$ kW。

表 5-2　14M（40 mm 宽）基本额定功率 P_0　　单位：kW

	z_1	28	29	30	32	34	36	38	40	44	48	56	64	72	80
	d_1/mm	124.78	129.23	133.69	142.60	151.52	160.43	169.34	178.25	196.08	213.90	249.55	285.21	320.86	365.51
小带轮转速/(r/min)	10	0.18	0.19	0.19	0.21	0.23	0.27	0.32	0.377	0.41	0.45	0.52	0.60	0.68	0.78
	20	0.37	0.38	0.39	0.42	0.46	0.53	0.63	0.75	0.83	0.90	1.05	1.20	1.35	1.57
	40	0.73	0.75	0.78	0.84	0.93	1.06	1.27	1.50	1.65	1.81	2.10	2.40	2.70	4.70
	60	1.10	1.13	1.17	1.25	1.39	1.59	1.91	2 25	2.48	2.70	3.16	3.60	4.05	7.83
	100	1.83	1.89	1.95	2.08	2.31	2.65	3.18	3.75	4.13	4.51	5.25	6.01	6.75	7.83
	200	3.65	3.77	3.91	4.12	4.63	5.30	6.36	7.34	8.25	9.00	10.50	12.00	13.50	15.64
	300	5.01	5.25	5.54	5.74	6.87	7.94	9.12	9.86	11.28	13.07	15.73	17.97	20.21	22.89
	400	6.14	6.51	6.90	7.24	8.57	10.44	11.21	12.09	13.71	15.73	19.36	22.29	24.63	27.04
	500	7.19	7.67	8.17	8.65	10.15	12.23	13.11	14.10	15.88	18.05	22.13	25.24	27.83	30.50
	600	8.16	8.76	9.36	9.98	11.63	13.89	14.85	15.94	17.84	20.13	24.56	27.76	30.54	33.40
	700	9.08	9.78	10.48	11.25	13.02	15.43	16.46	17.64	19.64	22.01	26.71	29.93	32.85	35.83
	800	9.95	10.75	11.56	12.46	14.33	16.85	17.97	19.22	21.29	23.71	28.60	31.79	34.79	37.84
	870	10.54	11.41	12.27	13.27	15.21	17.80	18.96	20.25	22.37	24.80	29.80	32.94	35.96	39.16
	1 000	11.59	12.57	13.55	14.72	16.76	19.64	20.69	22.05	24.21	26.65	31.76	34.73	37.73	40.72
	1 160	12.81	13.92	15.02	16.40	18.54	21.31	22.63	24.06	26.23	28.63	33.75	36.37	39.25	42.01
	1 200	13.11	14.25	15.37	16.80	21.75	23.08	24.53	26.69	29.08	34.17	36.73	39.52	42.19	—
	1 400	14.53	15.79	17.05	18.70	20.94	23.77	25.17	26.67	28.79	31.06	35.90	37.87	40.21	42.28
	1 600	15.78	17.24	18.59	20.45	22.72	25.54	26.98	28.51	30.53	32.60	37.00	38.20	39.84	—
	1 750	16.84	18.25	19.66	21.65	23.92	26.71	28.17	26.70	31.60	33.49	37.40	37.91	—	—
	2 000	18.40	19.84	21.29	23.46	25.69	28.38	29.83	31.32	32.97	34.47	37.31	36.44	—	—
	2 400	20.82	22.08	23.52	25.83	27.91	30.30	31.66	33.00	34.72	35.14	—	—	—	—
	2 800	23.48	24.11	25.30	27.52	29.34	31.31	32.47	33.53	33.72	33.33	—	—	—	—
	3 200	—	26.36	26.91	28.51	29.97	31.41	32.24	32.88	—	—	—	—	—	—
	3 500	—	—	28.25	29.07	29.94	30.92	31.40	—	—	—	—	—	—	—
	4 000	—	—	—	30.17	29.27	—	—	—	—	—	—	—	—	—

2）带宽计算

带宽 b_S 可按下式计算：

$$b_S \geqslant b_{SO}\sqrt[1.14]{\frac{P_d}{k_L k_Z P_0}}$$

式中：k_L 为带长系数，k_Z 为啮合齿数系数，P_0 为额定功率。

当 $Z_m = \text{ent}[z_1/2 - p_b z_1(z_2 - z_1)/(2\pi^2 a)] = \text{ent}[z_1/2] = 24 > 6$，$k_Z = 1$。

查表取 $K_L = 1.1$，$b_{SO} = 40$ mm。

$$b_S \geqslant b_{SO} \sqrt[1.14]{\frac{P_d}{k_L k_Z P_0}} = 40 \times \sqrt[1.14]{\frac{6.09}{1.1 \times 1 \times 1.81}} = 106.7\text{（mm）}$$

按《同步带传动 节距型号 MXL、XXL、XL、L、H 和 XXH 同步带尺寸》（GB/T 11616—2013）选取标准带宽，$b_S = 60$ mm，数量 $n_{带} = 2$。则紧边张紧力 $F_1 = (1\ 250 P_d / V) / n_{带} = 7\ 405$ N，松边张紧力 $F_2 = (250\ P_d / V) / n_{带} = 1\ 481$ N。

5.5.4 提升机构立柱设计

1. 提升机构立柱受力分析

堆垛机在工作中，立柱始终处于偏心受压状态，立柱受力有两种状态：

（1）提升机构立柱第一种受力状态：提升机构在提升货物过程中，立柱始终处于偏心受压状态，受力作用平面与截面主轴线 x–x 重合；

（2）提升机构立柱第二种受力状态：提升机构在提升货物至指定货位后，货叉伸出将货物送入货位，当准备放下货物时，立柱始终处于偏心受压状态，且受力作用平面与截面主轴线 x–x、y–y 均不重合。

2. 提升机构立柱第一种受力状态计算

1）主要参数

（1）额定载重 $m = 500$ kg。

（2）垂直升降加速度 $a_2 = 0.3$ m/s^2。

2）立柱截面力学特征

已知立柱截面形状为 500 mm × 300 mm × 10 mm，如图 5-12 所示；材质为 Q235B，许用应力 $[\delta] = 118$ MPa。

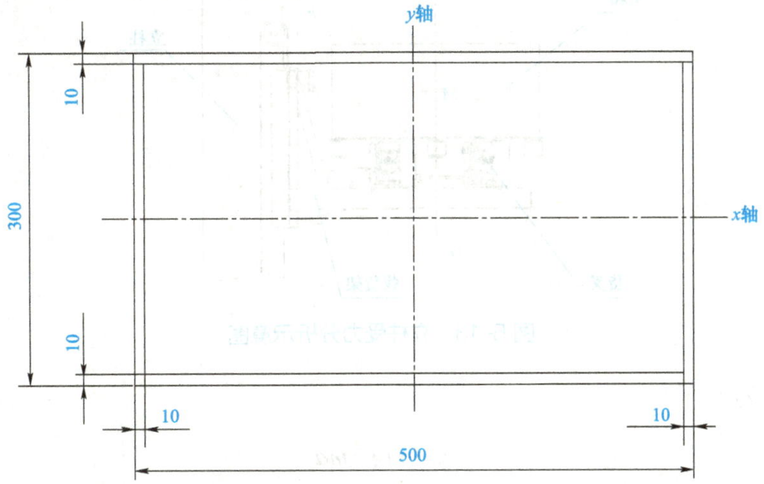

图 5-12 立柱截面图

截面面积 $A=B\times H=150\ \text{cm}^2$。

惯性矩为

$$I_x=\frac{BH^3-bh^3}{12}=\frac{30\times50^3-28\times48^3}{12}=54\,452\ (\text{cm}^4)$$

$$I_y=\frac{HB^3-hb^3}{12}=\frac{50\times30^3-48\times28^3}{12}=24\,692\ (\text{cm}^4)$$

截面模数为

$$W_x=\frac{BH^3-bh^3}{6H}=\frac{30\times50^3-28\times48^3}{6\times50}=2\,178\ (\text{cm}^3)$$

$$W_y=\frac{HB^3-hb^3}{6b}=\frac{50\times30^3-48\times28^3}{6\times30}=1\,646\ (\text{cm}^3)$$

惯性半径为

$$i_x=\sqrt{\frac{I_x}{A}}=\sqrt{\frac{54\,452}{150}}=19.05\ (\text{cm})$$

$$i_y=\sqrt{\frac{I_y}{A}}=\sqrt{\frac{24\,692}{150}}=12.83\ (\text{cm})$$

3）立柱受力计算

立柱受力分析示意图如图 5-13 所示，在提升机构提升货物过程中，立柱始终处于偏心受压状态，受力作用平面与截面主轴线 x-x 重合，立柱最危险时的工作状态是提升机构将货物提升到最高点的时候，立柱受压缩和弯曲组合作用，其受力应根据立柱结构形式，按悬臂梁作用计算。

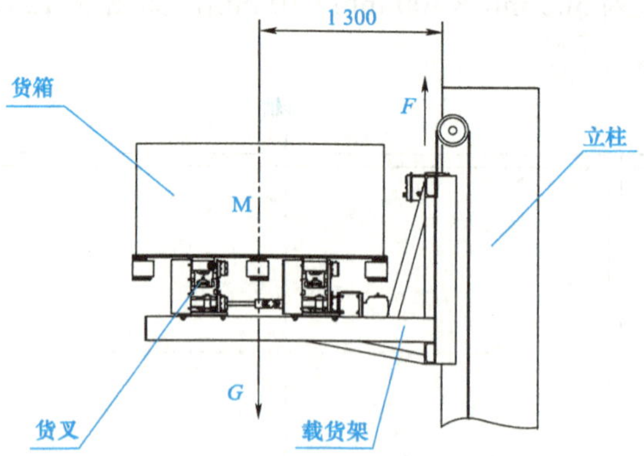

图 5-13　立柱受力分析示意图

立柱受力为

$$G=mg+ma$$

式中：m——额定载重，$m=500$ kg；

g——重力加速度，取 $g=9.8\ m/s^2$；

a——提升加速度，$a=0.3\ m/s^2$。

则 $G=mg+ma=500\times9.8+500\times0.3=5\ 050$（N）。

立柱受力分析简图如图 5-14 所示，可知 $P=G\sin6.7°=5\ 050\times0.117=591$（N）。

4）立柱弯矩计算

$l=11\ 000$ mm，即 $l=11$ m，根据悬臂梁弯矩校核图，如图 5-15 所示，得到 B 点弯矩 $M_B=Pl=591\times11=6\ 501$（N·m）。

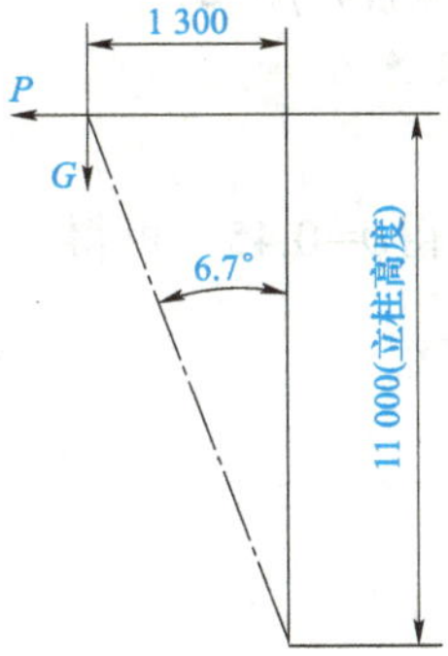

图 5-14 立柱受力分析简图

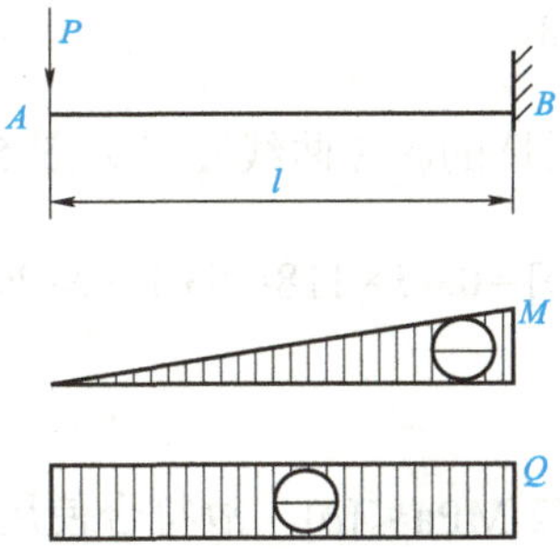

$M_B=Pl$

符号意义及单位：

M_B——B 点的弯矩（N·m）

P——集中载荷（N）

l——如图所示（m）

图 5-15 立柱弯矩校核图

5）立柱强度校核

立柱的弯曲应力为

$$\delta_M=\frac{M_B}{W_x}=\frac{6\ 501}{2\ 178}=3\ (\text{MPa})$$

立柱的压应力为

$$\delta_G=\frac{G}{A}=\frac{5\ 050}{150\times10^2}=0.34\ (\text{MPa})$$

可得 $\delta_{max}=\delta_M+\delta_G=3+0.34=3.34$（MPa）$<[\delta]=118$ MPa，符合使用要求。

6）立柱刚度校核

对立柱刚度进行校核分析，如图 5-16 所示，$P=591$ N，$l=11$ m，$I=I_x=54\ 452\ cm^4$，$E=200$ GPa，按照悬臂梁挠度计算公式，A 点挠度为

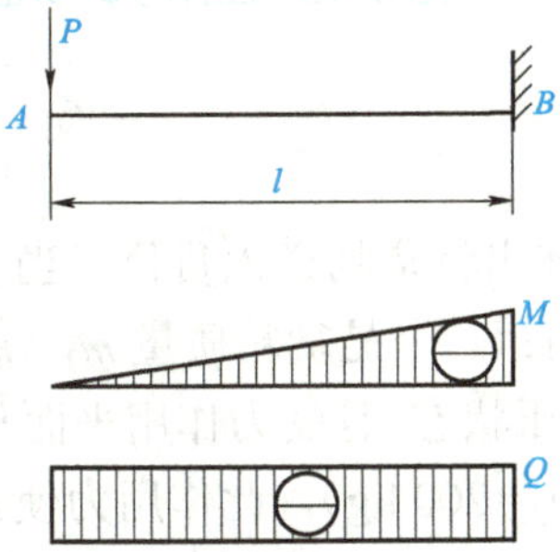

$f_A=\frac{Pl^3}{3EI}$

符号意义及单位：

f_A——A 点的挠度（m）

P——集中载荷（N）

l——如图所示（m）

I——截面的轴惯性矩（m^4）

E——弹性模量（Pa）

图 5-16 立柱刚度校核图

$$f_A=\frac{Pl^3}{3EI}=\frac{591\times11^3}{3\times200\times10^9\times54\,452\times10^{-8}}=0.002\,4\text{（m）}$$

即 f_A=2.4 mm，符合使用要求。

7）立柱稳定性校核

对立柱稳定性进行校核分析，如图 5–17 所示，压力 P 与提升力 F 是一对作用力与反作用力，它们的值是相等的，即 $P=F=5\,050$ N，$A=156$ cm²，$i_x=18.68$ cm。

立柱长度 l=11 m，即 l=1 100 cm。立柱一端固定、一端自由压杆，μ=2。

柔度 $\lambda=\dfrac{\mu l}{i}=\dfrac{2\times1100}{18.68}=117.8$。

材料为 Q235（A3 钢），由压杆的 ϕ–λ 曲线图（见图 5–18）查得 ϕ=0.45，可得

$$\phi[\delta]=0.45\times118=53.1\text{（MPa）}$$

其中，$[\delta]$是 Q235B 的许用应力。

$\delta=\dfrac{P}{\phi A}=\dfrac{5\,050}{0.45\times156\times10^2}=0.72$ MPa$<[\delta]$，故符合使用要求。

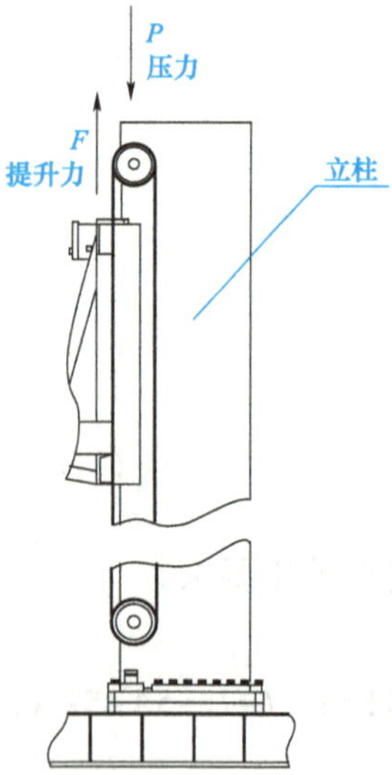

图 5–17 立柱稳定性校核图

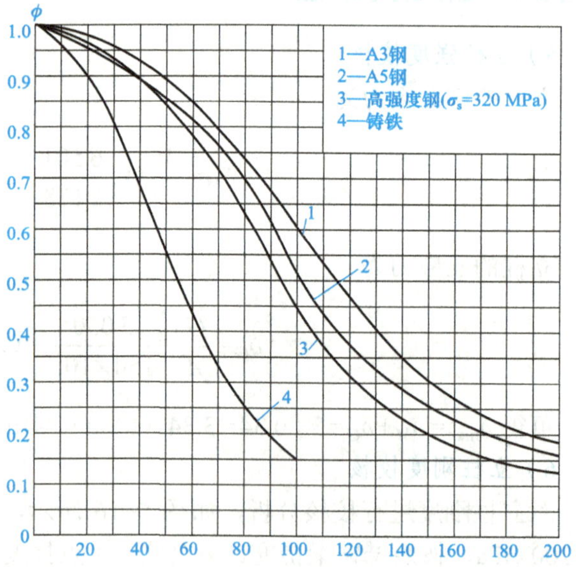

图 5–18 压杆的 $\phi-\lambda$ 曲线图

3. 提升机构立柱第二种受力状态计算

1）立柱受力计算

提升机构在提升货物至指定货位后，货叉伸出将货物送入货位，当货叉伸出将货物送入货位准备放下货物时，此时立柱受两个力作用：一个是货箱质量 m_1（m_1=300 kg），在货叉推动下移动，此作用力使立柱始终处于偏心受压状态，且受力作用平面与截面主轴线 x–x、y–y 均不重合；另一个是货叉及货架质量 m_2（m_2=200 kg），此作用力使立柱始终处于偏心受压状态，受力作用平面与截面主轴线 x–x 重合，立柱的受力及尺寸分析如图 5–19 所示。

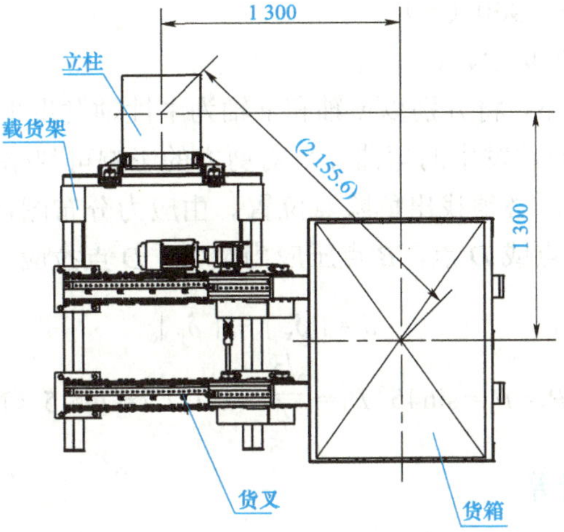

图 5-19　立柱受力及尺寸分析图

货叉伸出带动货箱沿 y 轴方向移动 1 300 mm，货箱质量 m_1 对立柱产生的偏心力可分解成沿 $x-x$ 轴线、$y-y$ 轴线的两个分力，如图 5-20 所示。

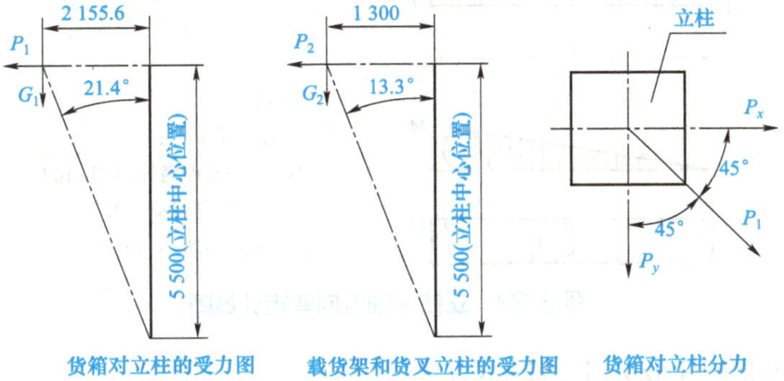

图 5-20　偏心力分解图

应力的分布如图 5-21 所示，根据立柱结构形式，在第二种受力状态中，当货叉提升至立杆中间部位时立杆的应力最大，所以计算时按货叉在立杆中部时计算，且沿 $x-x$ 轴线受力按悬臂梁作用计算，沿 $y-y$ 轴线受力按简支梁计算。

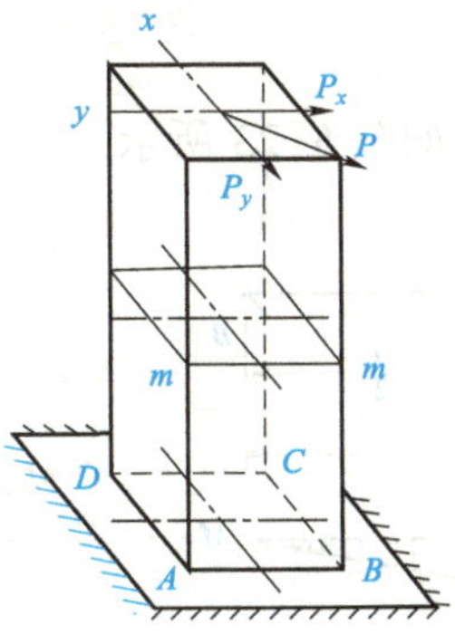

图 5-21　应力分布图

$G_1=m_1g=300\times9.8=2\ 940$（N）。

$P_1=\sin21.4°\ G_1=1\ 072.7$（N）。

$G_2=m_2g=200\times9.8=1\ 960$（N）。

$P_2=\sin13.3°\ G_2=450.9$（N）。

立柱在 P_x、P_y 作用下，将分别以 x 轴和 y 轴为中性轴发生平面弯曲，其中在 m–m 截面上还有剪力 Q_x 和 Q_y，通常发生的弯曲变形对剪力的影响可忽略不计。

为了进行强度计算，必须找出危险点位置。由应力分布图可以看出，最大正应力发生在立柱根部截面上的 B 点或 D 点，B 点压应力最大，D 点拉应力最大。其最大值为

$$\delta=|\delta_x|+|\delta_y|$$

$$P_x=P_y=\sin45°\ P_1=\frac{\sqrt{2}}{2}\times1\ 072.7=758.5\text{（N）}$$

2）立柱最大弯矩计算

（1）x 轴方向。

立柱 x 轴方向弯矩分析及计算如图 5-22 所示。

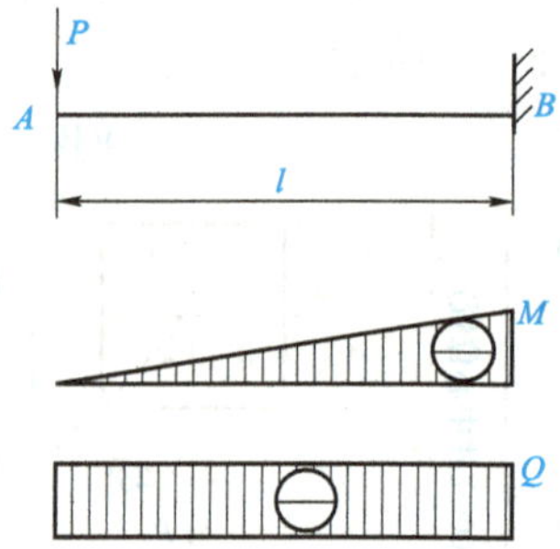

$M_B=Pl$

符号意义及单位：

M_B——B 点弯矩（N•m）

P——集中载荷（N）

l——如图所示（m）

图 5-22　立柱 x 轴方向弯矩计算图

$P=P_2+P_x=758.5+450.9=1\ 209.4$（N）。

$l=11/2=5.5$ m。

$M_{x_B}=P\,l=1\ 209.4\times5.5=6\ 651.7$（N • m）。

B 点 x 轴方向应力 $\delta_{x_B}=\dfrac{M_{x_B}}{W_x}=\dfrac{6\ 651.7}{2\ 178}=3$（MPa）。

（2）y 轴方向。

立柱 y 轴方向弯矩分析及计算如图 5-23 所示。

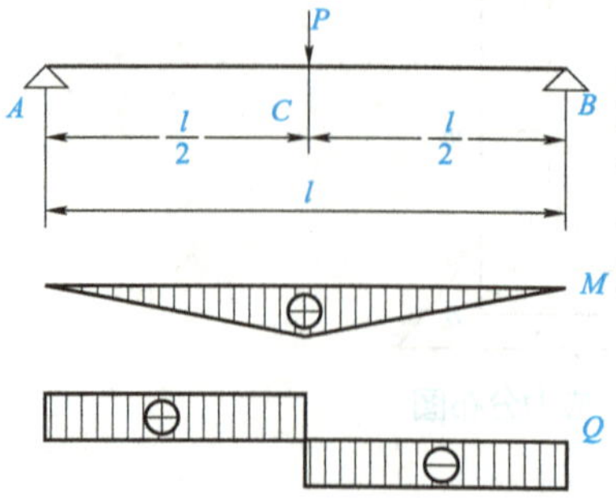

$M_{max}=\dfrac{Pl}{4}$

符号意义及单位：

M_{max}——C 点弯矩（N•m）

P——集中载荷（N）

l——如图所示（m）

图 5-23　立柱 y 轴方向弯矩计算图

$L=11$ m，$P_y=758.5$ N，则 $M_y=\frac{P_yL}{4}=\frac{758.5\times11}{4}=2\,086$（N·m）。

y 轴方向应力$\delta_y=\frac{M_{y_B}}{W_y}=\frac{2\,086}{1\,646}=1.27$（MPa）。

根据弯矩图，B 点 y 轴方向应力$\delta_{y_B}=0$。

根据计算结果，立柱 B 点应力 $\delta_B=\delta_{x_B}+\delta_{y_B}=3+0=3$（MPa），立柱中点应力 $\delta_{中}=\delta_{x中}+\delta_{y中}=0+1.27=1.27$（MPa），则立柱最大弯曲应力 $\delta_1=3$（MPa）。

3）立柱强度校核

立柱的压应力 $\delta_2=\frac{G}{A}=\frac{5\,050}{156\times10^2}=0.3$（MPa）。

$\delta_{max}=\delta_1+\delta_2=3+0.3=3.3$（MPa）$<[\delta]=118$ MPa（钢材许用应力），故符合使用要求。

4）立柱刚度校核

（1）x 轴方向。

立柱 x 轴方向刚度（挠度）分析及计算如图 5-24 所示。

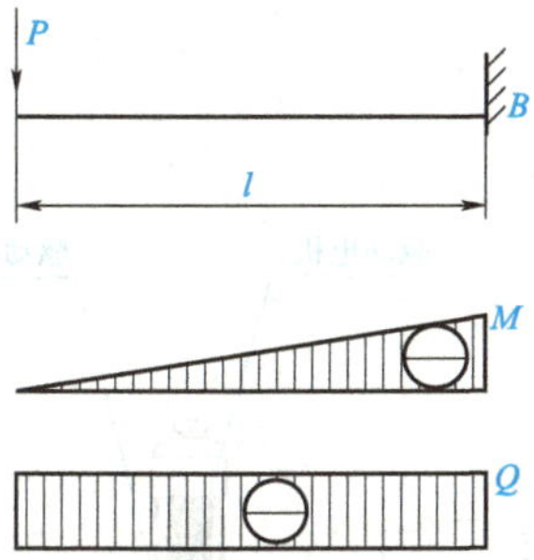

$f_A=\frac{Pl^3}{3EI}$

符号意义及单位：

f_A——A 点挠度（m）

P——集中载荷（N）

l——如图所示（m）

I——截面的轴惯性矩（m^4）

E——弹性模量（Pa）

图 5-24　立柱 x 轴方向刚度计算图

$P_x=1\,209.4$ N，$l=5.5$ m，$I=54\,452$ cm^4，$E=200$ GPa，则 A 点挠度为

$$f_x=\frac{Pl^3}{3EI}=\frac{1\,209.4\times5.5^3}{3\times200\times10^9\times54\,452\times10^{-8}}=0.000\,6\text{（m）}$$，即 $f_x=0.6$ mm。

（2）y 轴方向。

立柱 y 轴方向刚度（挠度）分析及计算如图 5-25 所示。

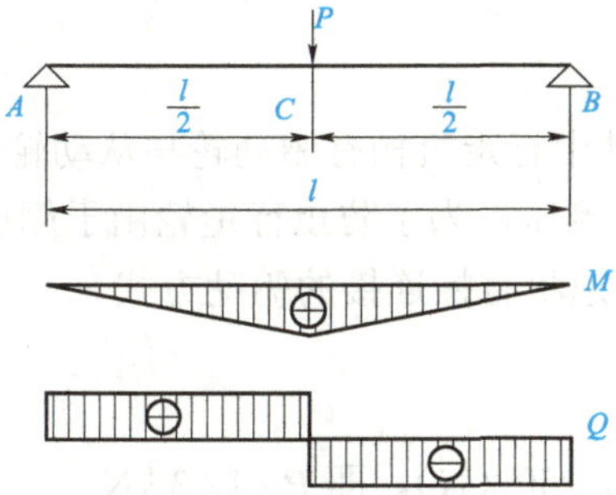

$f_C=\frac{Pl^3}{48EI}$

符号意义及单位：

f_C——C 点挠度（m）

P——集中载荷（N）

E——弹性模量（Pa）

I——截面的轴惯性矩（m^4）

l——如图所示（m）

图 5-25　立柱 y 轴方向刚度计算图

P_y=758.5 N，l=11 m，I=24 692 cm^4，E=200 GPa，则 C 点挠度为

$$f_y=\frac{Pl^3}{48EI}=\frac{758.5\times11^3}{48\times200\times10^9\times24\ 692\times10^{-8}}=0.000\ 3\text{（m）}$$，即 f_y=0.3 mm。

$$f=\sqrt{f_x^2+f_y^2}=\sqrt{0.6^2+0.3^2}=0.67\text{（mm）}$$，故符合使用要求。

5.6 行走机构设计

5.6.1 行走机构主要参数

行走机构的结构及参数如图 5-26 所示，其主要参数如下。

（1）额定载重 m=2 500 kg。

（2）堆垛机行走速度 V_1=1.5 m/s。

（3）堆垛机行走加速度 a_1=0.5 m/s^2。

（4）堆垛机行走调速方式为变频调速。

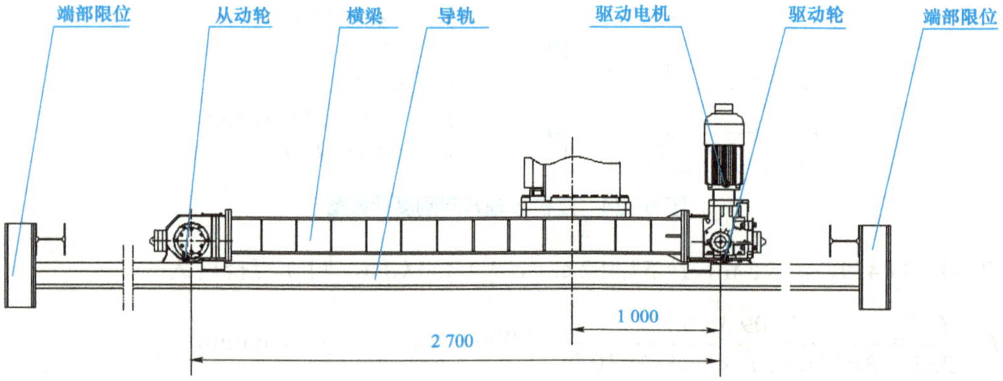

图 5-26 行走机构的结构及参数图

5.6.2 行走机构设计计算

1. 行走机构行走轮直径的确定

行走机构的结构组成如图 5-27 所示，其中行走机构有驱动轮与从动轮各一个，由于堆垛机在操作货叉时的反作用力会对行走产生侧压，为了防止行走轮由于侧压脱轨与行走中的爬行现象，需安装侧轮。驱动轮采用与减速机直接连接的驱动方式。

轮压为

$$P=\frac{mg}{2}=\frac{2\ 500\times9.8}{2}=12\ 250\text{（N）}$$，即 P=12.3 kN

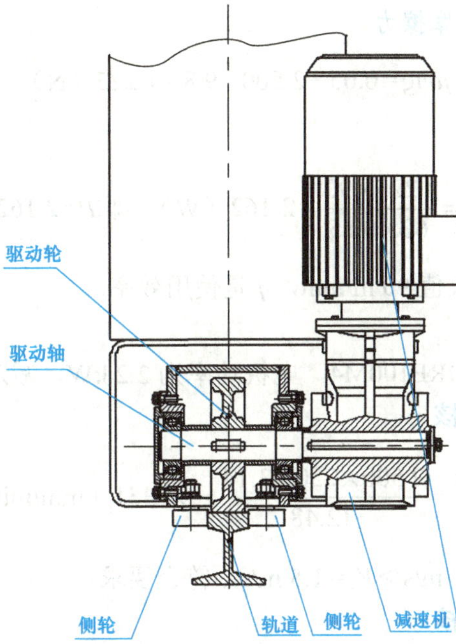

图 5-27　行走机构的结构组成图

起重机钢轨允许最大轮压可按车轮选型表（见表 5-3）进行。

表 5-3　车轮选型表

车轮直径/mm	轨道型号	工作类型	运行速度/（m/min）							
			＜60		60~90		90~180		＞180	
			Q/G							
			＞1.6	0.9	≥1.6	0.9	＞1.6	0.9	≥1.6	0.9
ϕ250	P11	轻	33	30.9	29.1	28.1	26.7	25.8	24.6	23.4
		中	26.7	25.8	24.3	23.4	22.3	21.5	25	19.8
		重	22.8	22.1	20.8	20.1	19.1	18.4	17.6	17
		特重	20	19.3	18.2	17.6	16.7	16.1	15.4	14.8

驱动轮直径 D=250 mm，轨道型号为 P11。

2. 行走机构电机功率确定

1）确定车轮与轨道间摩擦系数

滚动摩擦系数见表 5-4，选择钢质车轮–钢轨，μ=0.05。

表 5-4　滚动摩擦系数对照表

摩擦副材料	滚动摩擦系数 k/cm	摩擦副材料	滚动摩擦系数 k/cm
淬火钢–淬火钢	0.001	木材–木材	0.05~0.08
铸铁–铸铁	0.05	铁或钢质车轮–木面	0.15~0.25
木材–钢	0.03~0.04	钢质车轮–钢轨	0.05

2）计算车轮与轨道间的摩擦力

$$F=\mu mg=0.05\times 2\,500\times 9.8=1\,225\text{（N）}$$

3）计算电机需要功率

$$P=\frac{FV}{60\eta}=\frac{1\,225\times 90}{60\times 0.85}=2\,162\text{（W），即 }P=2.162\text{ kW}$$

式中，V 为运行速度，取最大值 90 m/min，η 是使用效率。

4）选择型号

选择型号 KA67-12.48-DRE100M4，电机功率为 2.2 kW，减速比 i=12.48。

3. 行走机构行走速度校核

$$V=\frac{nD\pi}{i}=\frac{1\,500\times 250\times 3.14}{12.48}=94\,351\text{（mm/min）}$$

即 V=94.4 m/min，或 V=1.57 m/s＞V_1=1.5 m/s，符合要求。

4. 行走机构电机转矩校核

（1）电机型号为 Y110M-4，功率 P=2.2 kW，转速 n=1 500 r/min。

（2）电机角速度 $\omega=2\pi n/60=157$ rad/s。

（3）电机额定转矩 $T=\dfrac{9\,500\,P}{n}=\dfrac{9\,500\times 2.2}{1\,500}=13.9$（N·m）。

电机负载转矩 $T_f=\dfrac{FD}{2i}=\dfrac{1\,225\times 250}{2\times 12.48}=12\,270$（N·mm）（式中 D 是驱动轮直径）。

即 T_f=12.27 N·m＜T，符合使用要求。

（4）计算电机负载惯量。

$$J_L=m\left(\frac{V}{\omega}\right)^2=2\,500\times\left(\frac{1.57}{157}\right)^2=0.25\text{（kg·m}^2\text{）}$$

（5）计算电机轴动态负载转矩 T_A。

$$T_A=\frac{\omega J_L}{t_a}=\frac{157\times 0.25}{3}=13\text{（N·m）}$$

式中：ω 是电机角速度；J_L 是负载惯量；t_a 是加减速时间。

（6）计算瞬时最大负载转矩。

$$T_{max}=T_A+T_f=13+12.27=25.27\text{（N·m）}$$

Y 系列最大转矩倍数为 2～2.2 倍额定转矩。

$2T=2\times 13.9=27.8>T_{max}$，符合使用要求。

5.6.3　行走机构底横梁设计计算

底横梁采用 350×250×8 矩形管制作，其截面尺寸如图 5–28 所示。其材质为 Q235B，许用应力[δ]=118 MPa。

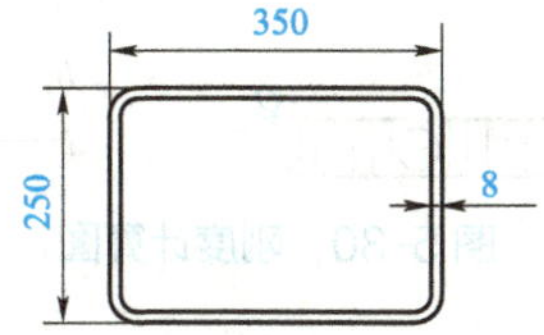

图 5–28　材料截面尺寸图

已知数据如下：理论单位长度质量 M=71.6 kg/m；截面面积 A=91.2 cm²；惯性矩 I_x=16 001 cm⁴；惯性矩 I_y=9 573 cm⁴；截面模数 W_x=914 cm³、W_y=766 cm³。

1. 强度计算

参考梁支撑结构的强度计算公式和受力分析情况，如图 5–29 所示。

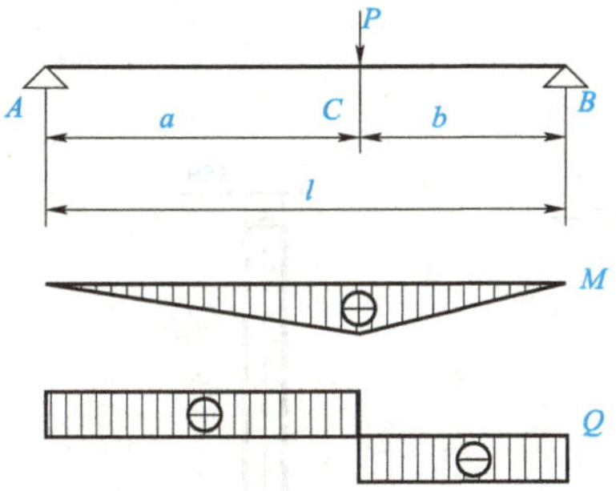

$M_C=\dfrac{Pab}{l}$

符号意义及单位：

M_C——C 点弯矩（N·m）

P——集中载荷（N）

a——如图所示（m）

b——如图所示（m）

l——如图所示（m）

图 5–29　强度计算图

$P=mg=2\,500\times9.8=24\,500$（N）；$a$=1.7 m；$b$=1 m；$l$=2.7 m。

C 点弯矩 $M_C=\dfrac{Pab}{l}=\dfrac{24\,500\times1.7\times1}{2.7}=15\,426$（N·m）。

C 点应力 $\delta=\dfrac{M_C}{W_y}=\dfrac{15\,426}{766}=20.14$（MPa）＜[$\delta$]=118 MPa（钢材许用应力），故符合使用要求。

2. 刚度计算

参考梁支撑结构的刚度（挠度）计算公式和受力分析情况，如图 5–30 所示。

已知数据如下：P=24 500 N；E=200 GPa；I_y=9 573 cm⁴；a=1.7 m；b=1 m；l=2.7 m。

则 C 点挠度 $f_C=\dfrac{Pa^2b^2}{3EIl}=\dfrac{24\,500\times1.7^2\times1^2}{3\times200\times10^9\times9\,573\times10^{-8}\times2.7}=0.000\,46$（m），即 f_C=0.46 mm，故符合要求。

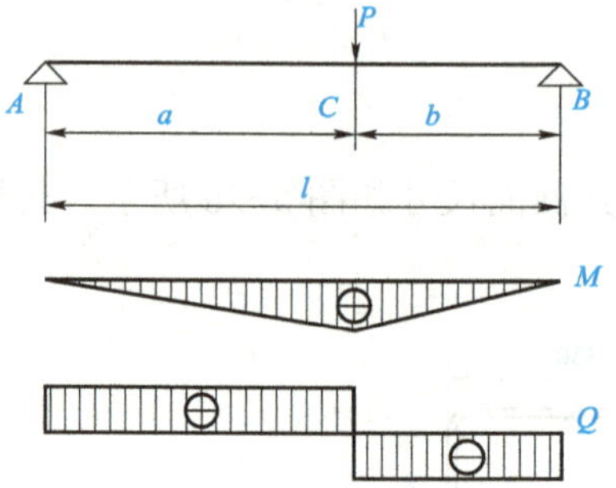

$$f_C = \frac{Pa^2b^2}{3EIl}$$

符号意义及单位：

f_C——C点挠度（m）

P——集中载荷（N）

E——弹性模量（Pa）

I——截面的轴惯性矩（m^4）

a——如图所示（m）

b——如图所示（m）

l——如图所示（m）

图 5-30　刚度计算图

5.7　自动化立体仓库取料系统设计输出

5.7.1　堆垛机二维方案图设计

堆垛机二维方案图如图 5-31 所示。

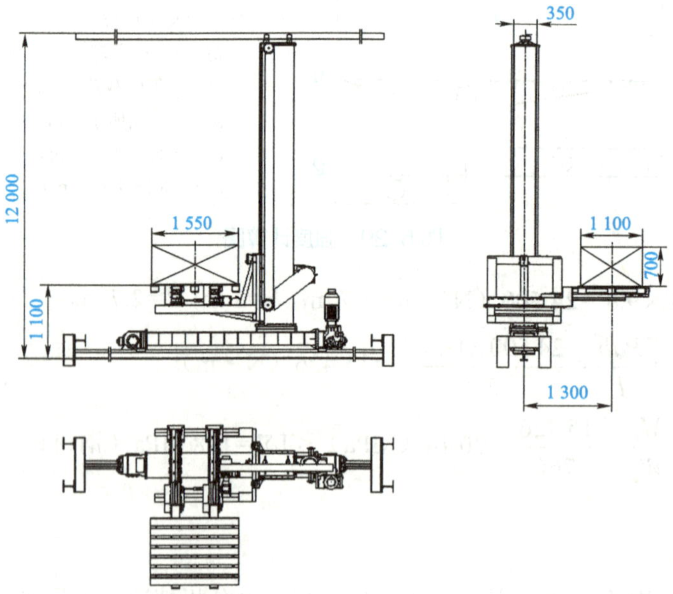

图 5-31　堆垛机二维方案图（三视图）

5.7.2　堆垛机三维图设计

堆垛机三维建模图如图 5-32 所示。

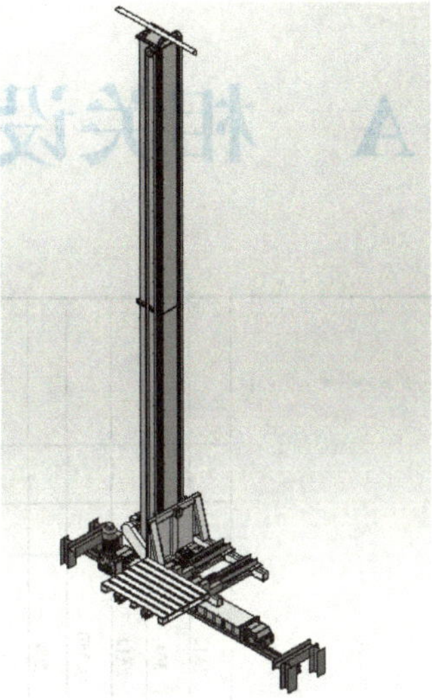

图 5-32　堆垛机三维建模图（轴测视图）

5.7.3　堆垛机工程图设计

参见图 A-8。

附录 A　相关设计图

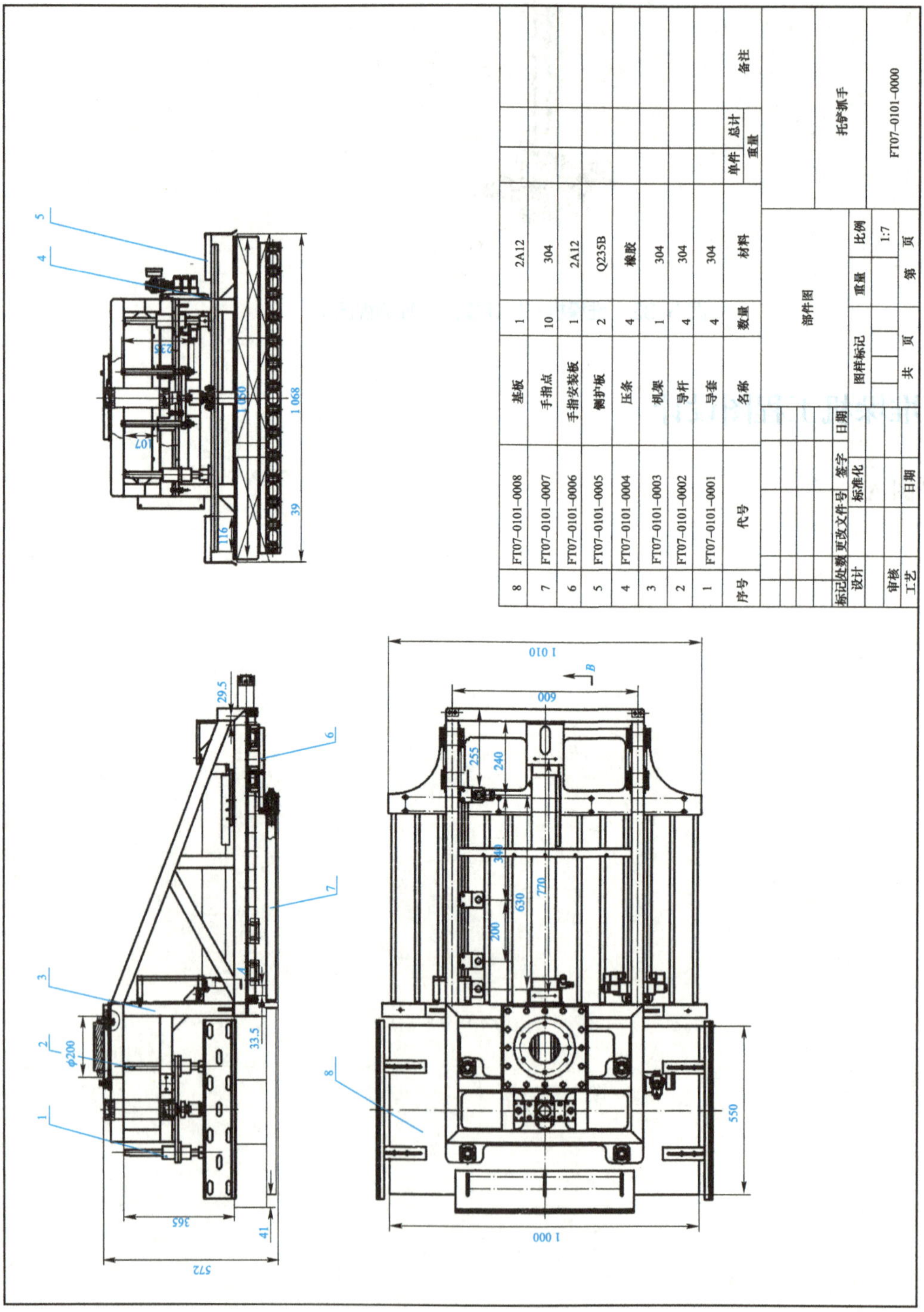

序号	代号	名称	数量	材料	单件重量	总计重量	备注
8	FT07–0101–0008	基板	1	2A12			
7	FT07–0101–0007	手指点	10	304			
6	FT07–0101–0006	手指安装板	1	2A12			
5	FT07–0101–0005	侧护板	2	Q235B			
4	FT07–0101–0004	压条	4	橡胶			
3	FT07–0101–0003	机架	1	304			
2	FT07–0101–0002	导杆	4	304			
1	FT07–0101–0001	导套	4	304			

图 A–1　托铲抓手部件图

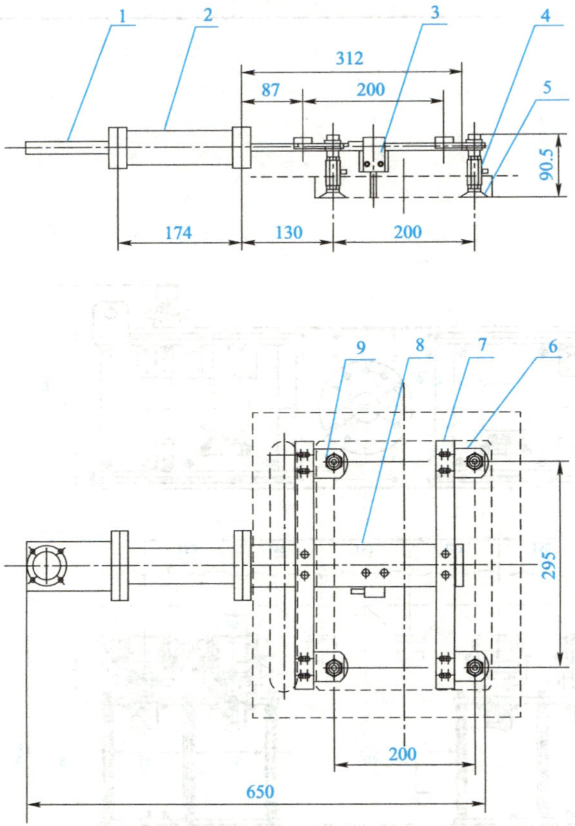

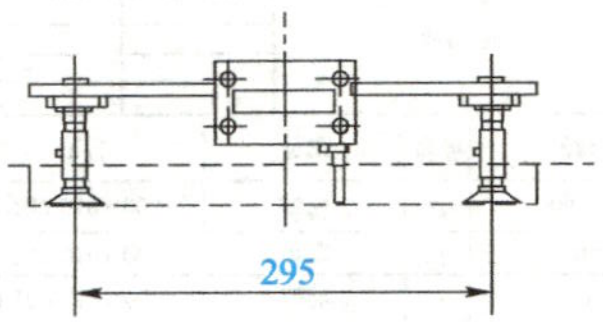

序号	代号	名称	数量	材料	单件重量	总计重量	备注
9	FT07-0102-0009	真空发生器连接件	4				
8	FT07-0102-0008	主杆	1	2A12			
7	FT07-0102-0007	连接长杆	2	2A12			
6	FT07-0102-0006	吸盘安装板	4	2A12			
5	FT07-0102-0005	真空吸盘	4				
4	FT07-0102-0004	真空发生器	4				
3	FT07-0102-0003	感应器	1				
2	FT07-0102-0002	过渡杆	1	2A12			
1	FT07-0102-0001	机器人连接杆	1	2A12			

标记	处数	更改文件号	签字	日期	部件图			搬运抓手
设计			标准化		图样标记	重量	比例	
校对			批准				1:5	FT07-0102-0000
审核								
工艺			日期		共 页		第 页	

图 A-2 搬运用吸取式机器人抓手部件图

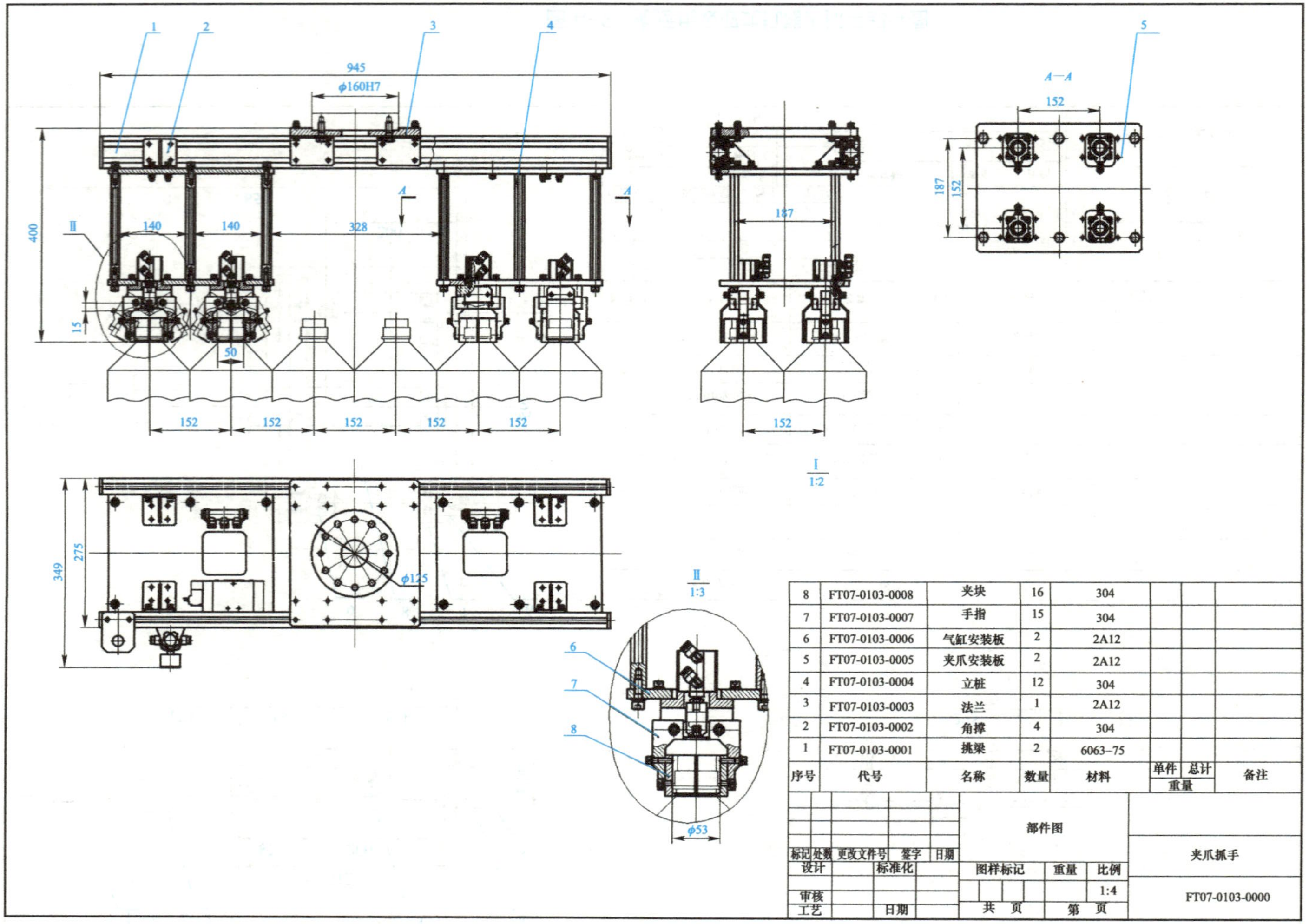

序号	代号	名称	数量	材料	单件重量	总计重量	备注
8	FT07-0103-0008	夹块	16	304			
7	FT07-0103-0007	手指	15	304			
6	FT07-0103-0006	气缸安装板	2	2A12			
5	FT07-0103-0005	夹爪安装板	2	2A12			
4	FT07-0103-0004	立柱	12	304			
3	FT07-0103-0003	法兰	1	2A12			
2	FT07-0103-0002	角撑	4	304			
1	FT07-0103-0001	挑梁	2	6063-75			

标记 处数 更改文件号 签字 日期	部件图		夹爪抓手
设计 标准化	图样标记	重量	比例 1:4
审核	共 页	第 页	FT07-0103-0000
工艺 日期			

图 A-3　夹爪式抓手部件图

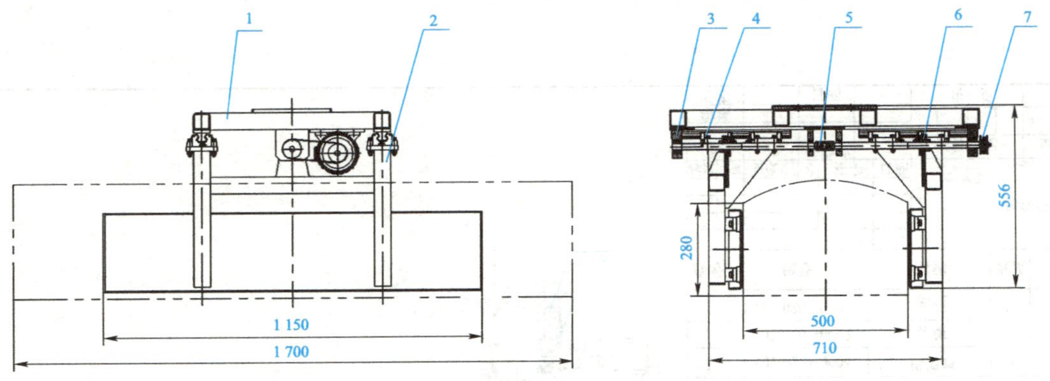

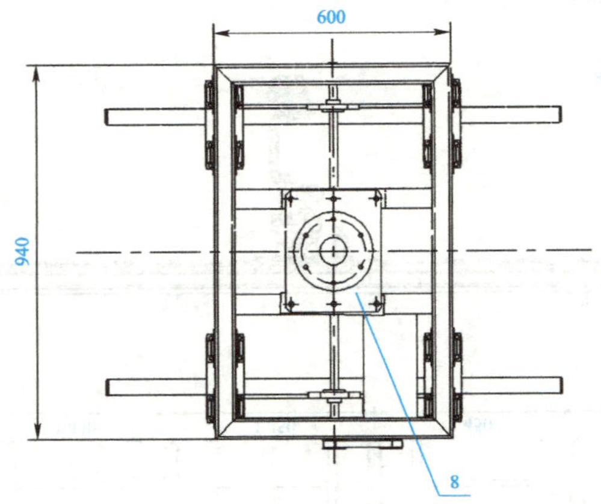

序号	代号	名称	数量	材料	单件重量	总计重量	备注
8	FT07-0104-0008	上法兰	1	Q235A			
7	FT07-0104-0007	同步带轮	2	Q235B			
6	FT07-0104-0006	螺母	1	QT500-7			
5	FT07-0104-0005	联轴器	1	Q235B			
4	FT07-0104-0004	丝杆	1	45			
3	FT07-0104-0003	轴承座	2	Q235B			
2	FT07-0104-0002	手臂	2	Q235B			
1	FT07-0104-0001	机架	1	Q235B			

标记	处数	更改文件号	签字	日期	部件图			夹板抓手
设计		标准化			图样标记	重量	比例	
审核							1:10	FT07-0104-0000
工艺		日期			共 页		第 页	

图 A-4 夹板式抓手部件图

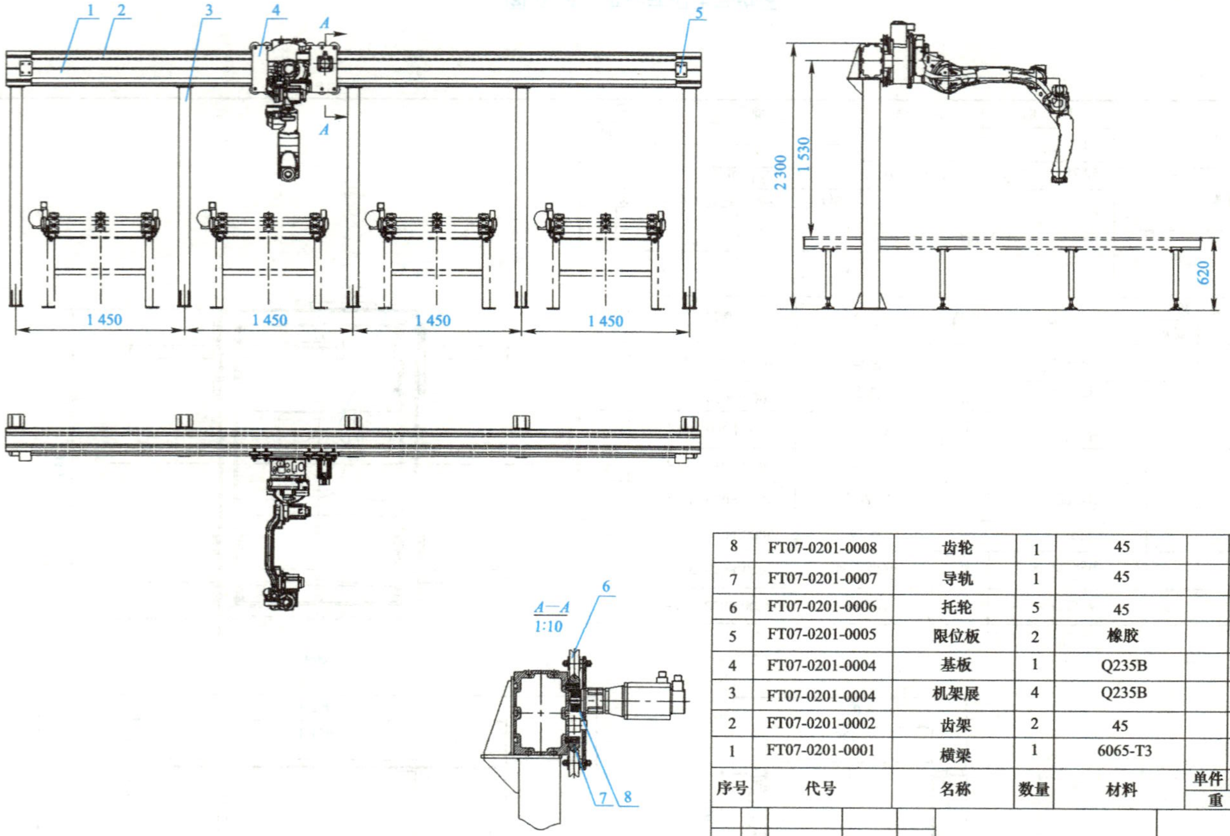

序号	代号	名称	数量	材料	单件重量	总计重量	备注
8	FT07-0201-0008	齿轮	1	45			
7	FT07-0201-0007	导轨	1	45			
6	FT07-0201-0006	托轮	5	45			
5	FT07-0201-0005	限位板	2	橡胶			
4	FT07-0201-0004	基板	1	Q235B			
3	FT07-0201-0004	机架展	4	Q235B			
2	FT07-0201-0002	齿架	2	45			
1	FT07-0201-0001	横梁	1	6065-T3			

标记	处数	更改文件号	签字	日期	部件图			移动式底座
设计		标准化			图样标记	重量	比例	FT07-0201-0000
审核							1:20	
工艺		日期			共 页		第 页	

图 A-5 移动式底座部件图

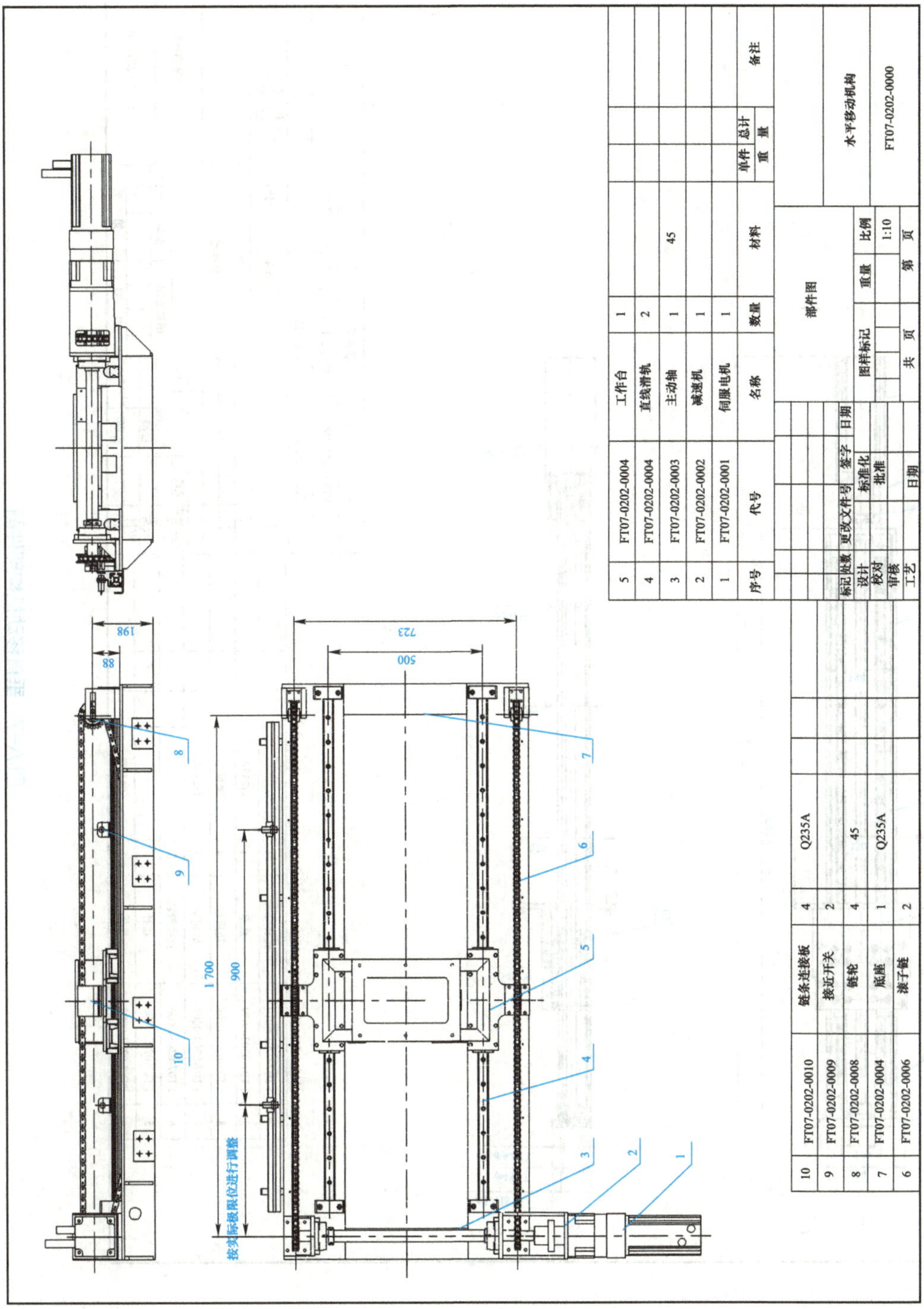

图 A-6　水平移动机构部件图

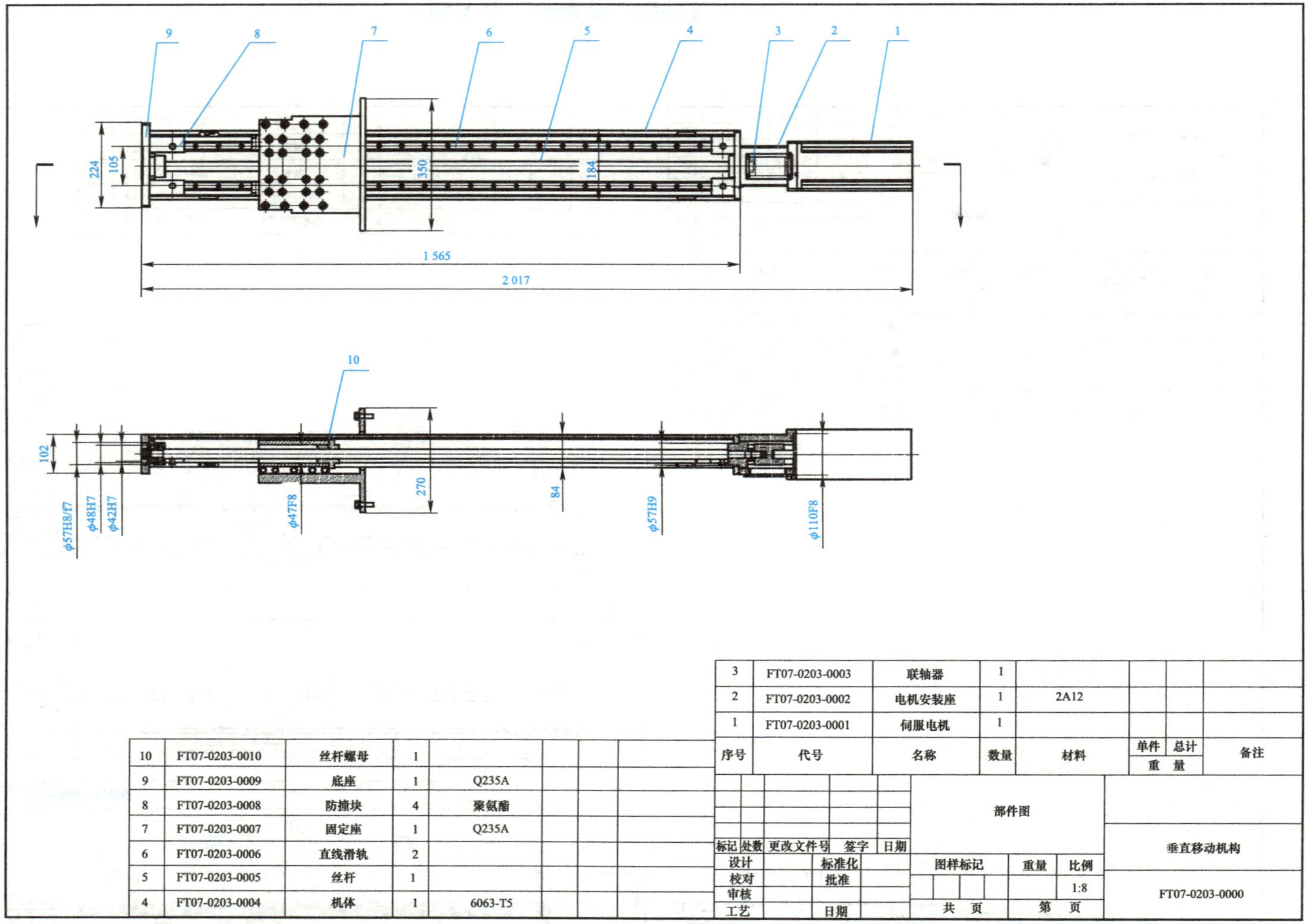

图 A-7　垂直移动机构部件图

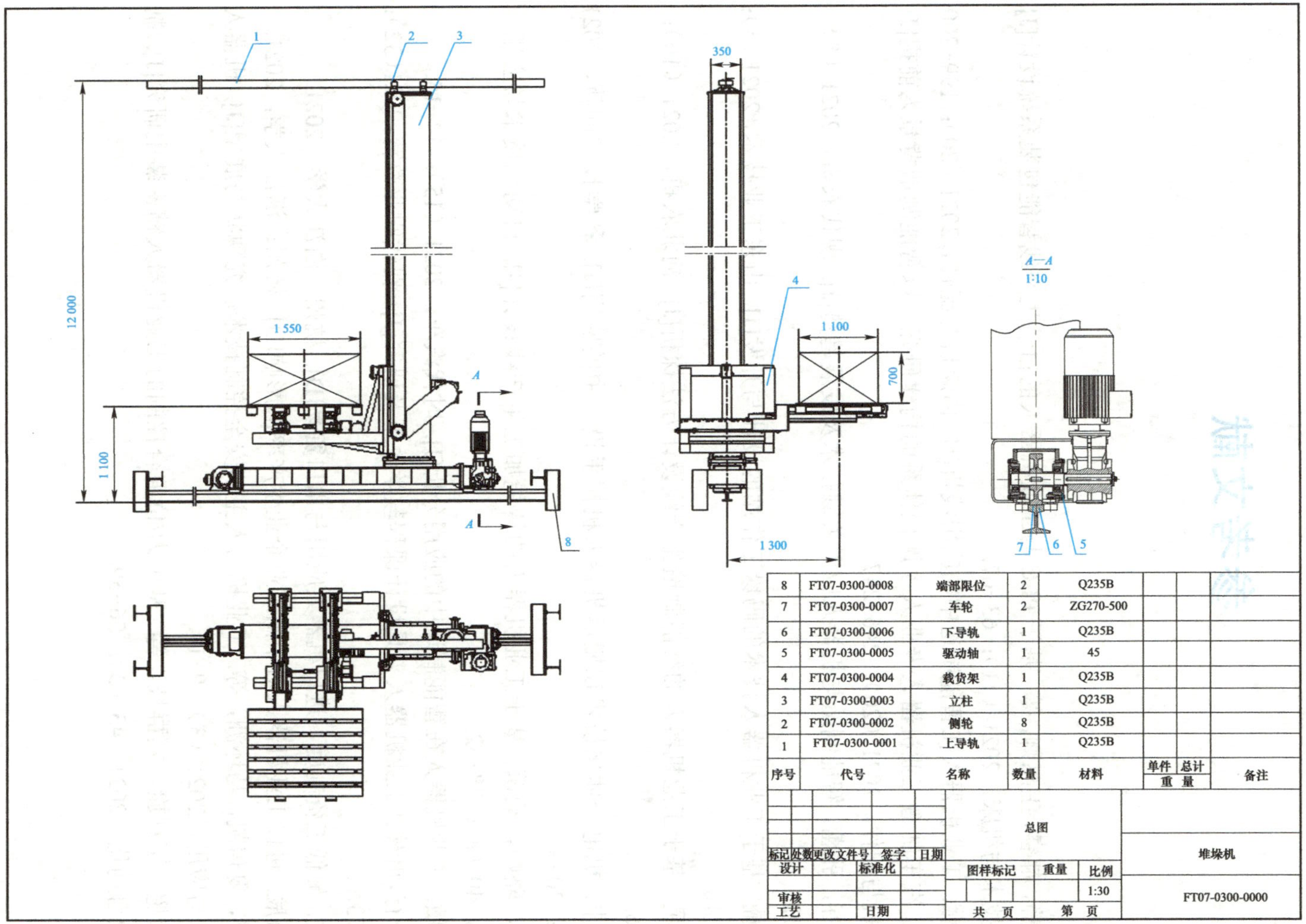
1
2
3
4
5
6
7
8
12 000
1 100
1 550
350
1 100
700
1 300
A
A—A
1:10
8 FT07-0300-0008 端部限位 2 Q235B
7 FT07-0300-0007 车轮 2 ZG270-500
6 FT07-0300-0006 下导轨 1 Q235B
5 FT07-0300-0005 驱动轴 1 45
4 FT07-0300-0004 载货架 1 Q235B
3 FT07-0300-0003 立柱 1 Q235B
2 FT07-0300-0002 侧轮 8 Q235B
1 FT07-0300-0001 上导轨 1 Q235B
序号 代号 名称 数量 材料 单件 总计 重 量 备注
总图
堆垛机
标记 处数 更改文件号 签字 日期
设计 标准化
审核
工艺 日期
图样标记 重量 比例
1:30
共 页 第 页
FT07-0300-0000

图 A-8 堆垛机部件图

参考文献

[1] 孟静静，郝睿，王惠卿，等. 基于 PLC 与工业机器人的自动生产线智能包装系统设计[J]. 制造技术与机床，2021（11）：63-67.

[2] 高昕葳. 工业机器人在智能制造中的应用浅析[J]. 内燃机与配件，2021（20）：199-200.

[3] 严伟. 汽车制造工业机器人专业人才课程体系的构建研究：以智能制造背景为前提[J]. 内燃机与配件，2021（20）：246-247.

[4] 刘小春，张蕾. 智能制造与机器人应用关键技术及发展趋势[J]. 现代农机，2021（5）：118-120.

[5] 王胜楠. 基于工业机器人技术的码垛工作站的设计与开发[J]. 山东工业技术，2021（5）：106-110.

[6] 崔卫星. 基于工业机器人的智能制造生产线设计方法探析[J]. 河北农机，2021（10）：75-76.

[7] 张兆丰. 机电一体化技术在搬运机器人机械手设计中的应用[J]. 科学技术创新，2021（27）：30-31.

[8] 李智，骆峰，胡菡. 基于工业机器人的智能加工生产线设计[J]. 自动化技术与应用，2021，40（8）：28-32.

[9] 董言敏. 工业机器人在智能制造中的应用分析[J]. 时代汽车，2021（15）：14-15.

[10] 江一行，叶俊. 工业机器人夹具设计课程教学改革及研究[J]. 现代职业教育，2021（32）：72-73.

[11] 李佳. 最低工资制度、进口机器人应用与出口贸易[D]. 杭州：浙江大学，2021.

[12] 张雨辰. 进口工业机器人对中国工业企业生产率的影响[D]. 杭州：浙江大学，2021.

[13] 杨琨，夏信凯，马环洲，等. 工业机器人主动安全控制技术研究现状与展望[J]. 机器人技术与应用，2021（3）：9-19.

[14] 杨彦超，王红旗，刘群坡，等. 基于力/位混合控制的工业机器人精密装配研究[J]. 制造业自动化，2021，43（3）：56-59.